Yosr Ben Mhara

Etude comparative de la fertilité de quatre cépages de table

Yosr Ben Mhara

Etude comparative de la fertilité de quatre cépages de table

Fluctuation du débourrement des cépages Red Globe, Italia, Michelle Palieri et Victoria introduits en Tunisie

Presses Académiques Francophones

Impressum / Mentions légales

Bibliografische Information der Deutschen Nationalbibliothek: Die Deutsche Nationalbibliothek verzeichnet diese Publikation in der Deutschen Nationalbibliografie; detaillierte bibliografische Daten sind im Internet über http://dnb.d-nb.de abrufbar.

Alle in diesem Buch genannten Marken und Produktnamen unterliegen warenzeichen-, marken- oder patentrechtlichem Schutz bzw. sind Warenzeichen oder eingetragene Warenzeichen der jeweiligen Inhaber. Die Wiedergabe von Marken, Produktnamen, Gebrauchsnamen, Handelsnamen, Warenbezeichnungen u.s.w. in diesem Werk berechtigt auch ohne besondere Kennzeichnung nicht zu der Annahme, dass solche Namen im Sinne der Warenzeichen- und Markenschutzgesetzgebung als frei zu betrachten wären und daher von jedermann benutzt werden dürften.

Information bibliographique publiée par la Deutsche Nationalbibliothek: La Deutsche Nationalbibliothek inscrit cette publication à la Deutsche Nationalbibliografie; des données bibliographiques détaillées sont disponibles sur internet à l'adresse http://dnb.d-nb.de.

Toutes marques et noms de produits mentionnés dans ce livre demeurent sous la protection des marques, des marques déposées et des brevets, et sont des marques ou des marques déposées de leurs détenteurs respectifs. L'utilisation des marques, noms de produits, noms communs, noms commerciaux, descriptions de produits, etc, même sans qu'ils soient mentionnés de façon particulière dans ce livre ne signifie en aucune façon que ces noms peuvent être utilisés sans restriction à l'égard de la législation pour la protection des marques et des marques déposées et pourraient donc être utilisés par quiconque.

Coverbild / Photo de couverture: www.ingimage.com

Verlag / Editeur:
Presses Académiques Francophones
ist ein Imprint der / est une marque déposée de
OmniScriptum GmbH & Co. KG
Heinrich-Böcking-Str. 6-8, 66121 Saarbrücken, Deutschland / Allemagne
Email: info@presses-academiques.com

Herstellung: siehe letzte Seite /
Impression: voir la dernière page
ISBN: 978-3-8381-4630-0

Copyright / Droit d'auteur © 2014 OmniScriptum GmbH & Co. KG
Alle Rechte vorbehalten. / Tous droits réservés. Saarbrücken 2014

Introduction générale

Introduction

La **viticulture en Tunisie** a une longue tradition qui a débuté dans l'Antiquité comme dans beaucoup d'autres pays du bassin méditerranéen, C'est aux Phéniciens, établis à Carthage, que revient le mérite d'avoir diffusé la viticulture en terre africaine.

La vigne tunisienne traversa les périodes mouvementées de domination byzantine, arabe ou turque. Au XIXème siècle, l'arrivée des colons français et italiens donna une impulsion à la restauration du potentiel viticole tunisien.

A partir des années 70, les producteurs tunisiens portèrent leur engouement sur l'utilisation de cépages méditerranéens type Muscat d'Italie, Cardinal, Muscat d'Alexandrie…qui ont donné d'excellents produits et même dans certaines régions l'effet terroir a donné des caractères spécifiques aux produits obtenus.

La vigne s'étend aujourd'hui dans la zone côtière nord du pays où elle bénéficie de conditions climatiques favorables. L'introduction des nouveaux cépages surtout apyrènes et l'exploitation du potentiel pédoclimatique, a favorisé l'extension des zones de production vers les régions du sud avec l'utilisation des cépages précoces pour obtenir une production de raisins à partir du mois de juin et vers les régions du nord en utilisant les cépages tardifs et un paquet technologique favorisant le retard de maturité pour étaler la production des raisins jusqu'au mois de décembre.

De nos jours, le vignoble tunisien occupe une place importante, d'une part, sur le plan économique à travers l'exportation du vin tunisien à plusieurs pays du monde et, d'autre part, sur le plan sociale par l'utilisation de mains d'œuvre permanente pour les pratiques viticoles.

Par contre, la superficie destinée à la plantation de variétés introduites de vigne de table est très réduite en Tunisie à cause de l'ignorance de la plupart des viticulteurs de leur potentiel de production et des techniques culturales adéquates pour l'exploitation de ces cépages dans les conditions tunisiennes.

Actuellement, il existe une dizaine de variétés exploitées dans la plupart des régions et qui s'adaptent au pédoclimat tunisien comme : Superior Seedless, Flame Seedless, Black Magic,

Sultanine, Victoria, Michelle Palieri, Red globe, Superior Seedless, Riche Baba Same, Perle Noire, Italia. Ces cépages introduits sont conduits selon différents modes de palissage. En effet, **5200 ha** sont conduits en gobelet (non palissés) avec une production de 15000 T/an, 1500 ha en palissage trois fils (en T) avec une production de 15000T/an et 1500 ha seulement palissé en quatre fils (en double T) avec une production de 40000 T/an (D'après DGPA 2009).

Le palissage en pergola est un mode de conduite qui vise une production beaucoup plus importante et exige de bonnes conditions de fertilisation d'irrigation et de savoir faire. Cependant, la production reste intimement liée au type de taille puisqu'elle permet de limiter le nombre de bourgeons selon la capacité de la souche et de diriger la position des grappes selon les conditions les plus favorables. Ainsi, se pose la question : Quelle est la charge optimale pour un cep donné ? La réponse à cette question exige une connaissance de multitude de paramètres liés au cépage, aux conditions pédoclimatiques et aux facteurs de production (fertigation, protection phytosanitaire, travaux en vert,…).

La charge optimale pour un cep donné est aussi intiment liée à la notion de fertilité des bourgeons selon leur rang d'insertion sur les baguettes. Une connaissance des particularités des cépages concernant ce paramètre, permet au viticulteur d'orienter sa production de raisin par des décisions qui seront prises dès la taille.

De plus, la maitrise de la vigueur et du potentiel de production de la vigne est d'une importance capitale pour atteindre un niveau satisfaisant des objectifs fixés tel que la date de débourrement, date de maturité, le rendement, la qualité des fruits…etc.

C'est dans le cadre d'éclaircir et d'enrichir les connaissances des viticulteurs que nous avons mené notre enquête de suivi de deux paramètres importants pour la vigne à savoir le **pourcentage de débourrement** et la **fertilité** des bourgeons selon leur **rang** d'insertion sur la baguette et ce, pour les cépages **Red Globe, Italia, Victoria** et **Michelle Palieri**.

1ère Partie : Etude bibliographique

1. Systématique

La vigne appartient à :

- **L'embranchement** des phanérogames.
- **Sous-embranchement** des angiospermes.
- **Classe** des dicotylédones.
- **Sous- classe** des térébinthales.
- **Ordre** des rhamnales.
- **Famille** des Vitacées ou Ampélidacées.

Les vitacées sont, en général, des arbrisseaux souvent sarmenteux, grimpant comme des lianes, s'attachant à des supports variés grâce à des vrilles oppositifoliées, simples ou le plus souvent ramifiées.

Les vitacées qui appartiennent à l'ordre des rhamnales, comprennent 18 genres dont seul le genre Vitis nous intéresse ici. Celui-ci est séparé en 2 sous-genres, Muscadina à 2n=40 chromosomes et Euvitis à 2n=38 chromosomes (Galet, 1993). La quasi-totalité des vignes cultivées fait partie de ce dernier, à l'intérieur duquel on distingue trois groupes :

- Euro-asiatique.
- Asiatique proprement dit.
- Américain (V. riparia, V. labrusca, V.berlandieri, V rupestris…) (Huglin, 1998).

2. La viticulture dans le monde

La vigne de table couvre dans le monde une superficie d'environ 800 000 hectares avec une production qui varie selon les années entre 7.5 et 8 millions de tonnes : 55% de cette production provient de l'Europe ,22% de l'Asie, 15% d'Amérique, 6% d'Afrique et 0,6% d'Océanie.

L'Italie est le premier pays producteur de raisin de table. En effet, ce pays tient 10% de la superficie mondiale, ce qui représente 40% de la production totale européenne.

3. La viticulture en Tunisie

La vigne de table joue un rôle important par rapport aux vignes de cuve ou aux vignes locales car elle est la plus demandée sur le marché et elle enregistre une production de 80 000 tonnes/an ce qui est supérieur à la production de vigne de cuve qui n'enregistre que 42 000 tonnes/an. (D'après GIF, 2008).

La production moyenne de vigne se concentre dans le Nord Est de la Tunisie et les principales zones de productions sont par ordre d'intérêt décroissant le gouvernorat de Ben Arous avec 40 000T/an suivie de Nabeul avec 11 000 T/ an ensuite Bizerte et Ariana avec 9 000 T/ an et 7 000 T/ an successivement et enfin le centre et le sud tunisien qui ensemble enregistrent une production de 10 000 T/ an (D'après GIF, 2008).

Les zones du nord cultivées en vigne de table sont caractérisées par un climat humide à hivers doux ou la pluviométrie peut atteindre 500 mm avec de variations inters annuelles et inters saisonnières marquées.

4. Morphologie de la vigne

4.1. Le système racinaire

La majorité des racines d'un pied adulte se développent latéralement, tandis qu'un faible nombre se développe verticalement. Les racines colonisent préférentiellement les couches de sol comprises entre 20 et 50 cm surtout avec le régime d'irrigation localisée. Plusieurs facteurs interviennent sur le développement et la répartition des racines.

Les racines s'adaptent relativement bien à la sécheresse en colonisant les horizons profonds (jusqu'à 3 ou 4 m dans les sols homogènes).

4.2. Le tronc et les bras

On peut à la fois dénommer un plant de vigne un cep, un pied ou une souche. Si la vigne est abandonnée, elle va se mettre à ramper au niveau du sol jusqu'à trouver un support sur lequel se fixer. Pour le palisser, il est nécessaire de discipliner son allongement en pratiquant une taille sévère.

Sur un pied de vigne âgé et taillé depuis au moins quatre ans, Reynier (1991) a pu distinguer plusieurs éléments :

- **Le vieux bois** : constitué du tronc et des bras. L'écorce s'y détache facilement.
- **Le bois de deux ans** : taillé l'année précédente. Selon la longueur de ce bois, on l'appellera **courson** (taillé court) ou **baguette** (taillé long).
- **Le bois de l'année :** qui se développe au cours du printemps et de l'été. Parmi le bois de l'année on distingue encore le bois issu du bois de deux ans (appelé sarment) et le bois issu du vieux bois (appelé gourmand). Des sarments peuvent également porter des entre-cœurs (ramifications).

4.3. Le rameau

Le rameau de la vigne est formé d'une tige renflée de distance en distance ; ce renflement constitue le nœud, tandis que l'intervalle compris entre deux nœuds consécutifs est l'entre-nœud ou mérithalle (Galet, 1993).

Les nœuds sont des lieux d'insertion des feuilles, des yeux latents et des prompts-bourgeons (entre-cœurs), des vrilles ou des inflorescences.

Sur le rameau tous les yeux latents se trouvent d'un même côté, qui correspond à la face ventrale du sarment, et tout les entre-cœurs sont du côté opposé, qui est le dos ou face dorsale du rameau : il s'agit de la dorsiventralité de la vigne.

L'extrémité du rameau herbacé, composé du bourgeon terminal et des feuilles qui l'entourent, est appelée bourgeonnement.

4.4. La feuille

La feuille de la vigne présente cinq nervures principales qui partent du point pétiolaire et délimitant cinq lobes séparés par les sinus pétiolaires souvent dentelés. On distingue plusieurs formes qui dépendent des dimensions relatives des nervures les unes par rapport aux autres et les angles qui les séparent, ainsi on distingue des limbes cunéiformes, cordiformes, pentagonaux, circulaires et réniformes *(Huglin et Schneider, 1998)*.

4.5. Les bourgeons

On distingue chez la vigne plusieurs types de bourgeons :

- **Le bourgeon terminal :** il est responsable de la formation et la croissance des différents organes du rameau. Le méristème apical cesse de fonctionner vers la fin de la période végétative et après un temps plus ou moins long il se dessèche et tombe *(Huglin et Schneider, 1998)*.
- **Les bourgeons axillaires :** ce sont les bourgeons situés à l'aisselle de la feuille.

On distingue deux types de bourgeons axillaires : Le prompt bourgeon et le bourgeon latent. Alors que le premier est formé par un seul bourgeon le deuxième a une structure plus complexe.

> **Le prompt bourgeon** a la propriété de pouvoir se développer l'année même de sa formation en donnant des pousses réduites distinguées sous le nom d'entre cœurs ou aussi appelés des rameaux secondaires ou rameau anticipés.
>
> **Le bourgeon latent** n'évolue en revanche presque jamais en pousse l'année de sa formation. Il change au cours du cycle végétatif uniquement de volume : d'abord plus réduit que le prompt bourgeon, il devient par la suite plus volumineux que ce dernier.

On distingue par « yeux de la couronne » l'ensemble des bourgeons latents qui se trouve à la base du rameau *(Huglin et Schneider, 1998)*.

Suite à des accidents physiologiques divers (gelée de printemps ou d'hiver, Esca, taille sévère), ces bourgeons se développent en rameaux appelés « gourmands » *(Galet, 1993)*.

Les rameaux formés à partir du prompt bourgeon se distinguent de ceux formés par le bourgeon latent par les dimensions des maritales de la base qui sont beaucoup plus petits sur les sarments que sur les entre cœurs *(Huglin et Schneider, 1998)*.

4.6. L'inflorescence et les vrilles

Chez tout le genre Vitis les vrilles et les inflorescences sont oppositifoliées (opposées aux feuilles). En général, les vrilles de la vigne sont bifurquées et comprennent un pédoncule, une branche majeure située à l'aisselle d'une bractée et une branche mineure. Leurs dimensions constituent un élément spécifique variétal *(Huglin et Schneider, 1998)*.

Les vrilles se lignifient au même titre que le sarment et grâce à son mouvement de rotation elles s'enroulent autour des supports auxquels elles se sont accrochées à l'aide du renflement adhésifs à leurs extrémités *(Huglin et Schneider, 1998)*.

Les fleurs sont pentamères **de formule florale (5S) + 5P + 5E + 2C** (Reynier, 1991). Elles se trouvent fixées sur une inflorescence en grappe via un pédicelle. La dimension de l'inflorescence ainsi que le nombre de fleurs par inflorescence dépend du cépage, mais varie aussi sur un même cep selon la position sur le rameau et la vigueur.

Globalement l'inflorescence comprend un axe principal duquel partent des axes secondaires qui peuvent eux aussi se ramifier pour être terminé par un bouquet de 2 à 5 fleurs. L'inflorescence démarre d'un nœud et y est fixée par le pédoncule. La première ramification de l'inflorescence est un peu plus longue et séparée du reste de la grappe, on la dénomme aileron.

Figure 1 : Morphologie de l'inflorescence de la vigne.

4.7. Grappes et baies

Après la nouaison des fleurs, les inflorescences sont communément appelés grappes.

Selon les variétés et les conditions permanentes ou annuelles du milieu, le nombre de baies sera beaucoup plus réduit que celui des fleurs par suite à l'intervention du phénomène de coulure *(Huglin et Schneider, 1998)*.

4.8. Les pépins

La graine ou pépin est petite, plus ou moins **piriforme** chez les vraies vignes. Elle possède une pointe ou bec, toujours plus ou moins accentuée, qui correspond au micropyle. La face ventrale est celle qui regarde le centre de l'ovaire ; elle a deux parois obliques, formant un angle obtenus et réunis au centre par une arête, que parcours le raphé. Les fossettes sont plus ou moins profondes suivant les espèces.

5. Cycle de développement de la vigne

5.1. Le cycle végétatif

5.1.1. Les pleurs

Observées en fin d'hiver avant le départ en végétation, elles sont un écoulement au niveau des plaies de taille qui commence par un simple suintement pour devenir plus intense et s'arrêter. Ce phénomène dure de plusieurs jours à trois ou quatre semaines *(Reynier, 1991)*.

Les pleurs correspondent à l'entrée en activité du système racinaire sous l'action de l'augmentation de la température du sol. Il se produit une activation de la respiration cellulaire, une reprise de l'absorption de l'eau et des éléments minéraux ainsi **qu'une mobilisation des réserves**. Sous l'action de phénomènes osmotiques la conduction reprend sous forme d'un mouvement ascendant de sève appelé pousse racinaire et en absence de végétation, cette sève s'écoule au niveau des plaies de taille *(Reynier, 1991)*.

5.1.2. Le débourrement

C'est la première manifestation de croissance qui commence en printemps qui se caractérise par un gonflement de bourgeon et un écartement des écailles protectrices qui recouvrent les yeux. C'est la bourre que l'on voit apparaitre à l'extérieur *(Galet, 1993)*.

La date de débourrement est un stade phénologique important à déterminer. Cependant, les bourgeons ne débourrent pas tous au même temps et on fixe généralement la date de débourrement au moment où 50% des bourgeons sont au stade bourgeon dans le coton.

Sur une baguette non arquée ce sont les yeux de l'extrémité supérieure qui débourrent les premiers, grâce à un phénomène qu'on appelle **acrotonie**, ayant par conséquence d'empêcher ou de retarder le débourrement des bourgeons de rang inferieur par inhibition corrélative et d'assurer la préséance de débourrement aux bourgeons les plus élevées *(Galet,1993)*.

Le pourcentage de débourrement est un critère très important car il conditionne la future récolte.

L'absence au débourrement est due à diverses causes : acrotonie, charge excessive par rapport à la puissance de la souche, altération des bourgeons par la grêle, par le gel, par des champignons (excoriose) ou des parasites animaux (altises) *(Galet, 1993)*.

Condition de débourrement :

- ❖ **Facteurs climatiques :** le débourrement est plus tardif et plus homogène dans les zones septentrionales que les zones méridionales ou tempérés *(Reynier, 1991)*.
Pouget *(1969)* a montré que le débourrement résulte de la somme des actions journalières de la température durant l'hiver et le début du printemps *(Reynier, 1991)*.
- ❖ **Facteurs biotiques :** le débourrement commence à l'extrémité des bois de taille puis progresse vers la base. Et il dépend du cépage puisque les exigences thermiques pour atteindre le débourrement sont spécifiques à la variété ainsi qu'à la vigueur car les souches les plus vigoureuses débourrent plus tard que les souches faibles *(Reynier, 1991)*.
- ❖ **Facteurs culturaux :** l'action volontaire ou involontaire du viticulteur agit sur la date de débourrement en :
  - Agissant sur la température au niveau des bourgeons par le choix des parcelles, la hauteur d'établissement des souches (mode de palissage).
  - Modifiant les conditions de circulation de sève dans le sarment en limitant les effets de l'inhibition corrélative par la taille et l'arcure.
  - Pendant le départ des yeux de la base par une taille tardive, cette pratique est parfois utilisée pour les parcelles gélives *(Reynier, 1991)*.

5.1.3. La croissance

5.1.3.1. La croissance du rameau

Elle est caractérisée par l'allongement des rameaux issus des bourgeons latents, l'étalement et l'accroissement des jeunes feuilles puis la naissance de nouvelles feuilles.

L'activité métabolique des organes en croissance est caractérisée par la notion de vigueur qui varie en fonction du cépage, du porte-greffe, du climat et du sol, mais aussi des pratiques culturales :

- La vigueur est une caractéristique du cépage. Les porte-greffes utilisés interviennent dans la notion de vigueur du cépage. On parle de « vigueur conférée ». Par exemple, le porte greffe 110R est réputé pour être une variété puissante alors que le 161-49C est une variété à faible vigueur conférée (Joly, 2005).

- La croissance d'un rameau augmente avec la température de l'air (l'optimum est de 25-30°). La lumière intervient dans la notion de croissance de diverses façons : elle a un effet positif sur la photosynthèse en absence d'une contrainte hydrique.

- Les éléments minéraux du sol jouent un rôle positif sur la croissance.

- La densité de plantation et l'importance de la charge en bourgeons laissés au moment de la taille, influent également sur la croissance (Joly, 2005).

5.1.3.2. La croissance sur la souche

En fin de croissance, on constate que la longueur des rameaux d'un même sarment diminue de l'extrémité vers la base. Cette différence de longueur s'explique par le phénomène de l'acrotonie : les bourgeons qui débourrent les premiers sur chaque orthostique exercent un effet inhibiteur sur les rameaux situées en dessous.

L'acrotonie dépend des cépages et de la vigueur car elle est plus forte chez les variétés faibles (Reynier, 1991).

5.1.4. L'arrêt de la croissance

5.1.4.1. L'aoutement

L'aoûtement, comme son nom l'indique, survient au mois d'août et correspond à la maturation du bois. Ce phénomène peut commencer au moi de juillet pour la Tunisie selon les cépages. Il se caractérise par un brunissement de l'écorce des rameaux, des vrilles et des grappes. Ce processus résulte de modifications anatomiques (constitution du périderme par l'assise subéro-phellodermique) et de l'accumulation de réserves en amidon et de lignine ainsi que d'une diminution de la teneur en eau des tissus du bois. Ces réserves proviennent des feuilles qui, après l'arrêt de la croissance, se sont progressivement vidées de leur contenu. L'accumulation d'amidon et de lignine augmentera la résistance des tissus au froid et permettra les premières étapes de développement au printemps *(Bugnon et Bessis, 1968 ; Huglin et Schneider, 1998).*

5.1.4.2. Dormance des bourgeons latents

Les yeux latents, formés à l'aisselle des feuilles, ne se développent pas l'année même de leur formation. Ils restent à l'état de repos jusqu'au printemps suivant. D'après *(Pouget, 1963)*, la période de repos des bourgeons comprend 5 phases à savoir :

> **Phase de prédominance :** cette phase commence au moment où les bourgeons latents formés sur le sarment de l'année ont acquis un degré d'organisation et d'évolution qui leur permet de se développer et de donner naissance à une nouvelle pousse.

> **Phase d'entrée en dormance :** cette phase est d'une durée très courte au cours de laquelle les bourgeons latents perdent la possibilité de débourrer rapidement qu'ils avaient acquise au moment de leur formation. Les potentialités de croissance sont alors minimes.

> **Phase de dormance :** les bourgeons restent dormants du mois d'août jusqu'au mois de novembre sans subir de modifications profondes.

> **Phase de levée de dormance :** sous l'action des premiers jours froids de l'automne, les bourgeons retrouvent progressivement l'aptitude au débourrement. Le phénomène se produit à la chute des feuilles et, d'une manière progressive, de la base vers le sommet du sarment.

> **Phase de post dormance :** les bourgeons ont alors retrouvé leur faculté de débourrement mais demeurent au repos car les conditions climatiques extérieures ne sont pas favorables à la croissance. Cependant, ils reprennent une activité interne chaque fois qu'il y a des journées ensoleillées et assez chaudes à partir de janvier-février. Cette activité passe inaperçue à nos yeux mais la somme de ces activités journalières conduit progressivement à la manifestation visible qui est le débourrement.

5.2. Le cycle reproducteur

On décrit le cycle reproducteur à partir du moment où les inflorescences apparaissent hors des bourgeons quelques jours après le débourrement (stade F de Baggiolini ou 53 de BBCH). Le développement des organes reproducteurs commence par l'initiation des inflorescences dans les bourgeons latents de l'année précédente.

5.2.1. L'initiation florale

L'initiation florale se produit dans les bourgeons latents l'année de leur formation soit environ un an avant la floraison. Au cours de la formation du bourgeon latent principal, le méristème apical est dans un premier temps uniquement végétatif, il n'initie que des feuilles (3 ou 4). Puis, à partir du mois de mai, pour les bourgeons situés à la base du rameau, le méristème devient inflorescentiel, tout en continuant à former des feuilles (Galet, 2000). Des primordia indifférenciés (suivant les cépages) deviendront des primordia inflorescentiels et les suivants, des primordia de vrille. Les primordia inflorescenciels portent des ramifications qui seront à l'origine des différentes parties de l'inflorescence.

Après l'initiation des inflorescences primordiales, le bourgeon latent entre en dormance.

Différents facteurs conditionnent l'initiation florale ; parmi ces facteurs on signale :

- La fertilité des bourgeons.
- La lumière et la température qui ont un effet positif sur l'initiation florale.
- Les pratiques culturales : une réduction signifiante de la surface foliaire, suite à une sévère taille en vert, entraine une diminution de la fertilité l'année suivante. Le choix du porte-greffe peut également avoir une incidence sur l'initiation florale (Joly, 2005).

5.2.2. La floraison, la pollinisation et la fécondation

La floraison correspond à l'épanouissement de la fleur par l'ouverture (déhiscence) de la corolle qui se dessèche et tombe. La date de la floraison varie avec le cépage et les conditions climatiques mais elle se déroule généralement en mois de juin pour la France (Reynier, 1991) et en moi de mai pour la Tunisie.

La pollinisation peut se faire de deux manières pour les fleurs hermaphrodites : soit par autogamie (autofécondation), ce qui semble être la règle générale pour Huglin (1998), soit par allogamie (fécondation croisée) (Huglin et Schneider, 1998).

La germination du grain de pollen est influencée par la température. Après la germination, le tube pollinique s'allonge et l'un des gamètes mâles s'unit à un gamète femelle pour donner un embryon. Dans ce cas l'ovule deviendra le pépin et l'ovaire évoluera en fruit. Chez certains cépages, dits apyrènes, comme la sultanine, la fécondation se passe normalement, mais l'embryon et l'albumen avortent, ce qui conduit à la formation de pépins rudimentaires à l'intérieur de la baie. On peut signaler que chez la vigne, comme chez la plupart des espèces végétales, il existe des cas de parthénocarpie, entrainant la formation de petites baies sans pépins comme dans le cas du cépage Corinthe Noire (Huglin et Schneider, 1998).

5.2.3. La nouaison

Elle correspond à la transformation de l'ovaire en fruit. Le nombre de fruits murs est toujours inférieur au nombre de fleurs qui se sont différenciées. Un certain nombre de fleurs fécondées évoluent en baies, on dit qu'elles nouent, tandis que d'autres fleurs non polonisées et les ovaires fécondés tombent, on parle de coulure (Reynier, 1986).

Le taux de nouaison est un terme qui définit la tenue des baies. Il correspond au nombre de baies restant sur la grappe par rapport au nombre de fleurs de l'inflorescence. Il est toujours assez faible même en l'absence de coulure (Reynier, 1986)

5.2.4. Développement des baies

Le développement de la baie débute par une période de croissance du grain (pendant 25 à 45 jours), au cours de laquelle sa taille va être multipliée par 10 (de 1 à 2 mm au départ, ce diamètre passe à 10 ou 20 mm). La croissance est ensuite ralentie et le métabolisme des polyphénols est modifié, ce qui aboutit à un changement de couleur des baies, c'est la **véraison**.

Cette phase est suivie par une étape de **maturation,** pendant laquelle la baie va accumuler de l'eau, des sucres (glucose, fructose, saccharose), des acides (malique, tartrique, citrique), des polyphénols (coloration des baies), et des substances aromatiques (terpénols). (Huglin et Schneider, 1998 ; Zemni, 2007).

6. La notion de vigueur chez la vigne et sa relation avec le rendement

La vigueur témoigne l'activité métabolique des organes en croissance. L'intensité de croissance dépend des conditions agissant au niveau du sol et au niveau des parties aériennes. Elle se traduit par l'intensité de la respiration, de la protéosynthèse, du fonctionnement des méristèmes, etc.

6.1. Estimation de la vigueur de la vigne

Dans la plupart des cas, la vigueur d'une souche est exprimée par le poids de son bois de taille. Mais cette donnée toute seule n'a pas de signification que si l'on fait intervenir la notion de densité de plantation (*Huglin, 1986*). Champagnol (1984) simplifie la notion de vigueur par le rapport entre l'expression végétative et le nombre de bourgeons.

Le poids total des sarments d'une souche reflète l'expression végétative de cette souche, mais non sa vigueur. Une souche fortement chargée en sarments présente un poids de bois de taille élevé mais, par contre, un poids unitaire faible : c'est une souche faible. Au contraire, un plant de deux ans présente souvent une expression végétative faible, mais une vigueur importante. Devenues adultes, les plantes vigoureuses ont toujours une expression végétative élevée.

La vigueur traduit également la teneur en réserves stockées (amidon) au niveau de la souche. Allani (1983) et Yahyaoui (1991) ont montré que plus une souche est vigoureuse, plus le pourcentage de débourrement est élevé, contrairement Bouard (1966) annonce que les réserves ont un rôle négligeable dans le départ des bourgeons.

Pour comparer la vigueur des sarments séparément, on peut se servir de plus grand diamètre mesuré au milieu d'un entre nœud et de la longueur des sarments. En effet, *Huglin (1986)* indique qu'il existe au niveau du sarment une forte corrélation entre le poids et le plus grand diamètre. De même des recherches de Carbonneau (1980) réalisées sur les systèmes de conduites de la vigne, montrent que la grosseur des grappes et des baies est liée au poids de bois de taille et à la vigueur des sarments. Dans le même contexte, *Alsaidi et Dawood (1990)* montrent que l'augmentation du diamètre de la baguette entraine une amélioration du rendement, du poids de la grappe, du volume de ses baies et de l'extrait sec soluble.

Par ce fait, la vigueur est une notion importante en physiologie et en viticulture qui dépend d'une part, des possibilités offertes par le milieu (aérien : climat , mode de conduite , .. et souterrain : richesse du sol , disponibilité e eau,..) et par la densité de plantation et d'autre part, par la capacité de croissance (génétique).

6.2. Influence du mode de conduite sur la maitrise de la vigueur et l'optimisation des rendements de la vigne

Les formes de conduite et les systèmes de taille constituent des facteurs technologiques dont l'influence sur le rendement en raisin et, par conséquent, sur l'efficacité économique de la culture de la vigne, est décisive. De ce fait, établir les formes les plus adéquates de conduite et de taille pour assurer l'accomplissement de tous les aspects de la production viticole, a été et est encore de nos jours, une tache essentielle de la recherche.

Smart (cité par Champagnol, 1984) démontre qu'en élevant la hauteur du palissage, on améliore la réception de la lumière.

En Tunisie, la conduite en pergola est délicate, complexe et exigeante de point de vue matériels et techniques. La plupart des vignes conduites en pergola manifestent, selon Ben Amor (1985), une vigueur insuffisante qui s'accompagne par un faible taux de recouvrement du toit. D'autres présentent, au contraire, un excès de vigueur qui s'accompagne d'une perte non négligeable de récolte occasionnée par l'Oïdium et le Botrytis.

A chaque association « végétal-milieu », correspond un peuplement adapté qui permet d'atteindre le rendement optimal compatible avec un bon niveau de qualité.

Le choix de la densité selon la majorité des auteurs, conditionnent considérablement le rendement et la qualité des produits par l'intermédiaire des micro-climat des feuilles et des baies, par le rapport surface foliaire sur le poids de fruits et par la vigueur.

6.3. Notion de charge optimale et son influence sur le rendement et la vigueur

Le niveau de charge optimale par rapport à la qualité est celui qui conduit, d'une part, à l'exploitation du potentiel végétal par des rameaux de vigueur suffisante, et d'autre part, à un volume de récolte permettant d'assurer non seulement une grosseur commercialement acceptable de la baie, mais aussi une reconstitution parfaite du dépôt d'amidon.

Galet (1983) définit la charge comme étant le nombre des yeux et leur **répartition** sur chaque souche, par conséquent, le nombre d'yeux total d'une souche n'est pas suffisant pour caractériser la charge, d'autant plus que la répartition des yeux va modifier le nombre et le poids des grappes avec toutes les incidences que cela comporte sur la qualité du raisin qui en découlera.

L'augmentation de la charge entraine une augmentation au niveau du rendement selon une courbe parabolique comme l'ont montré plusieurs auteurs (stoev 1984, Morris 1984, Alouan 1986, Nikov 1987, Alsaidi 1990,…). Cependant l'optimisation de la qualité est atteinte à partir d'une charge modérée qui varie selon les conditions culturales et le milieu.

Duschin (1971) et kamarov (1974) (cités par Nikov, 1987), estiment que l'augmentation de la charge provoque la diminution du poids moyen des grappes, tout en considérant que ce phénomène est le résultat de la diminution du nombre des baies par grappe et du poids moyen d'une baie.

6.4. Les opérations en vert et leur influence sur le rendement et la vigueur

La taille hivernale n'est qu'une estimation de la vigueur de la vigne qui se matérialise par une charge donnée. Les opérations en vert sont effectuées en cours de végétation pour compléter la taille sèche et rectifier ainsi la charge.

Dans l'absolu, on devrait « faire » des vignobles où chaque vigne est en parfait équilibre avec l'appareil radiculaire, l'appareil foliaire et l'appareil productif. Ceci en vue de permettre la meilleure utilisation possible des « réserves alimentaires » du terrain, le maximum d'efficience photosynthétique par unité de surface foliaire *(Stoev, 1966)* et l'accumulation la plus appropriée d'élaborats dans les grappes.

Cette condition d'équilibre permettrait également de réduire au minimum les interventions correctives et équilibrantes sur la vigne.

6.4.1. Eborgnage

L'éborgnage consiste à enlever certains yeux portés par les baguettes. Sur les cépages de table conduite en pergola, cette intervention permet de déplacer la charge en l'éloignant de la base pour obtenir des grappes espacées.

6.4.2. Epamprage, ébourgeonnage

Cette opération consiste à éliminer tous les jeunes bourgeons inutiles à la formation du système de taille et à son rajeunissement, ainsi que tous les rameaux faibles, stériles, ou mal placés sur la souche et qui vont gêner plus tard l'éclairement des grappes. Cette opération permet d'éviter le 'gaspillage' des réserves de la souche intervenant dans leur développement pendant les premiers stades, ce qui assure une meilleure croissance aux pousses restantes (Ben Amor, 1985).

Les italiens laissent souvent des sarments stériles à la base destinés aux coursons et long bois à conserver à la taille d'hiver. Le début du mois de mai (dés que les pousses atteignent 20 à 25 cm de longueur), correspond au meilleur moment pour réaliser l'éborgnage et l'épamprage (Sottile et Lorenzo, 1990).

6.4.3. Rébiolage et évrillage

C'est la suppression des entre-cœurs et des vrilles. Ces opérations sont souvent effectuées sur vigne de table avant floraison. Il s'agit d'éliminer toutes les vrilles gênant l'uniformité de la répartition des sarments et des grappes.

6.4.4. Palissage des sarments

Livré à lui-même, le rameau, sous l'effet de son poids, du vent et des obstacles, change plusieurs fois de direction.

Pour arriver à couvrir convenablement le toit de la pergola avec un « matelas » régulier de feuilles, on doit procéder au palissage horizontal des sarments avant la floraison dés que ceux-ci atteignent une longueur supérieure à 50 cm. La croissance des sarments étant hétérogène (varie selon le rang d'insertion au niveau du long bois), on doit intervenir par le palissage à plusieurs reprises. Ceci permet de limiter les dégâts du vent et d'avoir une répartition homogène de la végétation et des grappes sur toute la surface réservée.

D'autre part, le rameau dirigé émet des entre-cœurs s'il lui est imposé une courbure ou bien une torsion, mais il ne se ramifie pas s'il est fixé verticalement (Branas, 1974).

6.4.5. Rognage

Le rognage, écimage ou pincement désigne la suppression de l'extrémité des rameaux en croissance, soit quelques jours avant la floraison, soit immédiatement après.

Cette pratique, généralement effectuée pour les vignes palissées, elle est presque inexistante dans le cas de la conduite en pergola. Il serait peut être intéressant de l'effectuer, mais a un stade plus avancé lorsque la longueur des sarments dépasse de loin les limites de la surface réservée à la souche. Ceci permet le développement et la croissance des entre-cœurs (croissance verticale), augmente la surface foliaire et assure le remplacement des feuilles âgées. Ce qui permet ainsi d'intensifier la photosynthèse à l'échelle du cep.

6.4.6. Eclaircissage des grappes

Il consiste à diminuer la production potentielle de façon à établir un équilibre entre la taille du feuillage et la production de fruits par plante. Ainsi, on obtient un meilleur calibre des baies, on évite le retard de maturité du à la surproduction et on améliore l'uniformité de la couleur chez les raisins noirs et rosés. Il existe deux types d'éclaircissage :

- ❖ Celui de grappes entières ;
- ❖ Et celui de secteurs de la grappe.

L'éclaircissage des grappes entières peut se réaliser avant la floraison. Il a alors pour objectif d'améliorer le pourcentage de la fécondation des fleurs des grappes conservées. Les grappes sont beaucoup plus plaines et avec des baies de meilleur calibre. Cet éclaircissage peut être réalisé dès que les inflorescences se séparent du bourgeon.

L'éclaircissage des grappes entières peut être aussi réalisé quand la baie est nouée. L'éclaircissage partiel de raisins consiste à aménager la forme et la taille des grappes et à diminuer la densité des baies. Normalement, on pratique un épointage de la partie inférieure de la grappe, élimination qui peut réduire la longueur de la rafle jusqu'à 60-70%. Ainsi, la grappe acquiert une forme ronde et murit uniformément. En même temps, on élimine des ramifications latérales en vue de rendre les grappes plus souples, et chez les variétés à grappes épaulées avec des ramifications latérales longues, on dépointe également celles-ci.

Elle est considérée comme intervention de « luxe » pour avoir la meilleure qualité de la grappe dont les normes sont fixées par plusieurs auteurs italiens (Crescimanno et al 1984, Pedone et al 1985, Antonacci et al 1986, Sottile et Di lorenzo 1990, ...) comme suit Pour le cépage Italia :

- ❖ Poids moyen de la grappe de 1 kg,
- ❖ Nombre de baies par grappe ne dépassent pas 80,
- ❖ Poids moyen des baies variant entre 12 et 15 g.

6.4.7. Effeuillage

Cette pratique consiste à enlever un certains nombre de feuilles supposées âgées et situées à la base des sarments. On l'applique souvent pour la vigne palissée en plusieurs interventions échelonnées.

Les applications débutent après la nouaison (Sottile et Di Lorenzo, 1990) et se poursuivent avec la croissance de la vigne à chaque fois qu'il ya des feuilles ombragées à la base.

Les objectifs de cette opération sont multiples :

- Etant appliqué sur des feuilles qui ne reçoivent pas assez de lumière pour assurer une photosynthèse optimale, l'effeuillage augmente sensiblement l'intensité de la photosynthèse (Nikiforova ; cité par Stoev, 1966). D'autre part, Kokina (1966), en confrontant la récolte et la teneur en sucres dans les baies avec la surface foliaire de la vigne, arrive à conclure que la suppression d'une partie des feuilles augmente la productivité du feuillage restant.
- L'effeuillage, souvent effectué sur les cépages à raisin de table en vue d'avoir une meilleure coloration de la grappe, permet aussi le retard de la maturation (Branas, 1974).
- La suppression des feuilles âgées dégage la base des sarments, facilitant ainsi les traitements phytosanitaires surtout ceux qui visent les grappes (lutte contre le Botrytis), (Galet, 1983),
- La réduction des dégâts de la pourriture grise par une meilleure aération des grappes pendant la période de maturation.

En Tunisie, on doit effectuer cette opération avec prudence :

- Ne pas trop effeuiller ou bien procéder à l'effeuillage progressif pour ne pas exposer complètement les grappes aux coups de soleil et aux oiseaux.
- Se limiter seulement aux feuilles de la base qui se trouvent complètement ombragées et qui présentent un faible niveau d'activité photosynthétique « feuilles parasites ».
- Commencer légèrement l'effeuillage après la nouaison (début de Juin) et poursuivre cette opération jusqu'à la maturation.

7. Autres techniques culturales influant la vigueur et le rendement de la vigne

7.1. Les régulateurs de croissance

Les régulateurs de croissance jouent un rôle primordial dans le développement des plantes, comme la taille d'hiver et la taille en vert les régulateurs de croissance participent à la vigueur de la plante et à la qualité du fruit. En matière de viticulture, les premières recherches concernant l'effet des substances de croissance, ont montré l'efficacité de la gibbérelline sur les cépages apyrènes.

Actuellement, un certain nombre de régulateurs de croissance sont appliqués à l'échelle commerciale pour atteindre différents objectifs. Parmi les principaux composés utilisés, on peut citer l'acide gibbérellique (AG 3), ou ses sels (Berelex), l'Ethephon (Ethel) et la cyanamide d'hydrogène (Dormex).

Les applications de la cyanamide d'hydrogène à des doses de l'ordre de 1 à 5%, 4 à 8 semaines avant le débourrement normal, améliorent le taux, l'homogénéité et la précocité du débourrement. Dans certains cas, ces effets ont été accompagnés par un avancement de la floraison, de la nouaison, de la véraison, et de la maturité des raisins, ainsi qu'une amélioration du rendement.

7.2. L'incision annulaire

L'incision annulaire peut être définie comme étant l'enlèvement d'un anneau d'écorce et de liber d'une tige à l'aide d'un inciseur. Ses effets varient avec son emplacement (baguette ou tronc), sa pénétration, sa largeur, l'époque à laquelle, elle est pratiquée et le cépage. Cette opération, pratiquée au dessous des feuilles adultes, permet l'acheminement de la sève élaborée vers les grappes. Cette opération participe à l'amélioration de la nouaison principalement pour les cépages apyrènes permettant d'atténuer les effets de la coulure et du millerandage. Comme elle influe positivement sur le diamètre des baies et sur la précocité de la maturation. Toutefois, c'est une opération qui peut être dangereuse sur la vigueur du cep lorsqu'elle n'est pas bien maitrisée. En effet, appliquée sur plusieurs rameaux en même temps et sur le même cep, elle peut engendrer une chute rapide de la vigueur du cep.

8. La notion de fertilité

La fertilité, chez la vigne, correspond au nombre moyen d'inflorescences des rameaux issus des bourgeons laissés à la taille (Huglin et Schneider, 1998). Les rameaux fertiles portent en moyenne 2 inflorescences, disposées à partir du troisième nœud, mais chez certains hybrides de *V. riparia*, on compte jusqu'à 6 inflorescences (Huglin et Schneider, 1998; Galet, 2000).

Ce caractère peut varier selon plusieurs facteurs :

> Pour un cépage donné, la fertilité varie avec l'emplacement du bourgeon sur le sarment. Certains cépages comme l'Aramon dont les bourgeons de la base sont fertiles, permettent une taille courte. D'autres cépages comme le Poulsard, ont des bourgeons qui sont infertiles à la base du sarment, ce qui nécessite une taille longue pour avoir une récolte suffisante. La Sultanine ne possède qu'un ou deux bourgeons fertiles, il faut parfois attendre le débourrement de ces bourgeons avant de tailler.

> Sur une même souche, la fertilité des bourgeons est intimement liée à la vigueur individuelle des sarments (Huglin et Schneider, 1998; Galet, 2000).

- Les bourgeons latents (bourgeons principaux) ont une fertilité qui croît de la base vers le milieu du sarment, puis qui diminue. La fertilité des bourgeons secondaires est très variable en fonction des cépages ; elle peut varier de 0 à 0,5 inflorescence par rameau.

- Les prompt-bourgeons peuvent être fertiles et donner des grappillons mais cette fertilité est assez variable en fonction de la position du bourgeon sur le sarment.

- Les bourgeons de la couronne et les bourgeons du vieux bois sont en général stérile mais peuvent parfois contenir une inflorescence, particularité qui sera utilisée lors de la retaille des vignes gelées ou grêlées.

  > La fertilité varie avec les cépages et constitue donc un caractère ampélographique. Le Riesling et le Pinot, par exemple, sont des cépages fertiles qui ont en moyenne deux inflorescences par rameau (Carolus, 1970; Huglin et Schneider, 1998; Galet, 1998 ; 2000; 2001).

Les bourgeons n'ont pas la même capacité de fructifier, ainsi l'étude de la fertilité des yeux s'avère importante pour le choix du système de taille adéquat pour les vignes palissées et conduite en taille longue, qui assure la charge optimale recherchée par le viticulteur.

La charge étant l'un des principaux facteurs qui détermine le nombre des rameaux par souche, leur croissance, la surface foliaire du cep, le rendement et la qualité.

On distingue deux types de fertilité :

8.1. La fertilité potentielle apparente

Il s'agit du nombre moyen de grappes (sur un rang déterminé) portées par les bourgeons qui ont évolué en pousses. Cette distinction révèle l'état de différence que l'on observe entre un ou deux bourgeons homologues avant et après le débourrement.

$$\text{Fertilité potentielle apparente} = \frac{\text{Nombre total d'inflorescences apparues sur rameau issus des yeux de rang n}}{\text{Nombre des yeux du rang n}}$$

8.2. La fertilité potentielle réelle

Elle exprime la fertilité moyenne d'un bourgeon d'un rang déterminé sans tenir compte du pourcentage de débourrement. Elle est déterminée par la dissection des bourgeons dormants ou par la technique de forçage (Allani, 1983).

$$\text{Fertilité potentielle réelle} = \frac{\text{Nombre total d'inflorescences contenues sur rameaux issus des yeux de rang n}}{\text{Nombre des yeux du rang n}}$$

8.3. Fluctuation de la fertilité des bourgeons latents

Indépendamment du caractère génétique « fertilité du bourgeon latent primaire », la fertilité de ces bourgeons, variable avec leur position sur le sarment, dépend également du milieu dans lequel vit la plante. Les viticulteurs s'intéressent beaucoup à cette fluctuation ; suivant le cas et les années, ils disent que la sortie est bonne, moyenne ou mauvaise. Ils attribuent donc empiriquement un grand rôle aux facteurs climatiques (Huglin, 1986).

8.3.1. Influence du porte greffe sur la fertilité des bourgeons

Les données sur une éventuelle influence spécifique du porte greffe sur la fertilité des bourgeons sont très rares et la plupart du temps sans valeur, par suite de l'absence de toute indication sur l'interaction de la vigueur.

En plus de l'influence du porte greffe sur la fertilité d'une souche par l'état de vigueur qu'il lui donne, l'action spécifique de ce dernier a été recherchée. D'après Huglin (1958) cité par

Allani (1983) et Lassoued (2009), pour deux souches de vigne ayant les mêmes caractéristiques notamment la vigueur mais greffés sur deux portes greffes différents, la fertilité diffère. Cette action spécifique des portes greffes est liées à la différence entre les portes greffes d'assimiler les éléments nutritifs du sol.

En étudiant l'influence spécifique du porte greffe sur la fertilité, Huglin (1958) a conclue que la variété porte greffe exerce un rôle spécifique sur l'initiation florale. Mais ce rôle ne semble finalement pas influencer le rendement de la récolte.

8.3.2. Influence de type de rameaux sur la fertilité des bourgeons

Les gourmands : les bourgeons qui se forment prés de la base des gourmands sont d'une fertilité moins grande que celle des bourgeons de la même position sur le rameau principal. Le débourrement des bourgeons dormants sur le gourmand pourra être de 8 à 40 jours après le début de la croissance des rameaux principaux. De ce fait, les premiers méritalles des gourmands se forment dans l'ombrage des rameaux principaux, la formation des inflorescences sur ces parties des gourmands n'est pas accentuée. C'est pour cette raison qu'on a considéré que sur les gourmands ne se forment que des bourgeons stériles (Huglin, 1986).

Les entre-cœurs ou anticipés : selon Stoev et Nikor (1965), les bourgeons des rameaux anticipés sont d'une fertilité moins grande que celle des bourgeons homologues des rameaux principaux.

Branas (1957) cite que l'obtention d'une seconde récolte doit mettre en œuvre les entre-cœurs de la base du sarment.

8.3.3. Influence de la nutrition minérale

La nutrition azotée : Une alimentation suffisante est nécessaire à la formation primordia inflorescentiels et des primordia floraux (Alleweldt, 1970), alors que la taille des primordia inflorescentiels est normalement peu affectée par la nutrition azotée (Srinivasan, 1972).

La nutrition phosphatée : l'apport d'une quantité optimale de phosphate augmente la fertilité des bourgeons chez la vigne en agissant sur la vigueur (Kobayashi, 1961). Le manque de phosphate défavorise l'initiation florale selon (Isora, 1964).

Pour le cépage sultanine, une fertilité élevée est associé à un niveau bas d'azote, un niveau élevé de phosphate et un déficit hydrique (Baldwin, 1966).

> **La nutrition potassique**

Le potassium joue un rôle important dans la fertilité, une application au sol de potassium dans le vignoble déficient provoque une augmentation significative de la fertilité des bourgeons latents chez le Concord (Larsen, 1963). Le même résultat a été remarqué en Californie sur la sultanine par Christens en (1975), cité par (Lassoued, 2009).

> **Les oligo-éléments**

D'après Délmas (1971), cité par (Lassoued, 2009) le rôle des oligo-éléments apportés par des solutions nutritives standard est :

- La suppression totale des éléments mineurs se traduit par une croissance profondément perturbée et une fructification totalement arrêtée.
- Dans le cas de carence en fer, la croissance du tronc est très déprimée.
- Dans le cas de carence en manganèse, on observe une réduction de l'accroissement du tronc, un retard de la floraison et une augmentation d'azote dans les baies et les rafles.
- La carence en bore annule la formation de fleurs.
- La carence molybdique provoque des perturbations dans la composition minérale des organes et bloque l'azote et le calcium dans les racines et dans les feuilles.

8.3.4. Influence du stress hydrique

Le déficit hydrique persistant réduit la fertilité des bourgeons latents (Winkler, 1965). L'humidité du sol est un facteur principal conditionnant le développement des inflorescences (Bttrose, 1974), cité par Lassoued (2008). En conditions contrôlées ce dernier auteur a montré que le déficit hydrique réduit la quantité et la taille des primordia d'inflorescences. Le déficit hydrique agit sur la croissance de la vigne et engendre une réduction de la matière sèche des racines des pousses.

2ème partie : Matériels et méthodes

1. Identification de la ferme

Il s'agit d'un vignoble situé dans la région de Mornag et plus précisément à Sidi Massoud. La ferme est d'une superficie de 8 ha Consacrée à la culture de la vigne et constituée par sept parcelles occupés par des cépages de table. L'exploitation de différents cépages permet au viticulteur d'étaler la production dans le temps et de répartir les travaux culturaux selon la disponibilité de la main d'œuvre.

> Parcelle 1 (P1) Sa : 1,5ha, exploitée en Victoria
>
> Parcelle 2 (P2) Sa : 1ha, exploitée en Victoria
>
> Parcelle 3 (P3) Sa : 1ha, exploitée en: Italia et Riche Baba Sam
>
> Parcelle 4 (P4) Sa : 1ha, exploitée en: Red globe
>
> Parcelle 5 (P5) Sa : 1ha, exploitée en: Italia
>
> Parcelle 6 (P6) Sa : 1h, exploitée en: Michelle Palieri
>
> Parcelle 7 (P7) Sa : 0,5ha, exploitée en: Danouta

La ferme dispose de tous les moyens pour la bonne conduite du vignoble. En effet, il existe un tracteur accompagné d'une remorque, d'un atomiseur d'une capacité de 400 litres et des charrues (Broyeur, Canadien, Polysocs).

La ferme dispose de deux sondages. Chacun est constitué d'une pompe ayant un débit de 20 L/s. Il existe un bassin d'une contenance de 200 m^3 et une station de pompage et de fertigation avec une pompe doseuse et un filtre à tamis et un filtre à gravier.

1.1. Identification du vignoble

Il s'agit d'un vignoble conduit en pergola et protégé par un filet anti-grêle anti-oiseaux. Notre étude a été effectuée dans quatre parcelles : P2, P4, P5, P6.

Dans ces parcelles, les cépages sont de même âge, planté en 2004 et sont greffé sur le même porte greffe 1103 Paulsen qui est doté d'un enracinement profond lui permettant ainsi une bonne résistance à la sécheresse. C'est aussi le porte greffe des sols profonds et humides, mal drainés, à condition que le sous sol ne le reste pas trop au printemps.

La résistance au calcaire actif de ce porte greffe est moyenne soit jusqu'à 20% dans le sol. De plus, grâce à sa bonne vigueur et à la longévité de son cycle végétatif, le porte greffe 1103 Paulsen favorise le retarde de la maturation du raisin.

La densité de plantation est de 2.6*2.6 pour les cépages Victoria, Muscat d'Italie et Michelle et de 2.8*2.8 pour le Red globe étant considéré plus vigoureux que les autres cépages.

Figure 2 : Esquisse d'échantillonnage de l'exploitation de Mr Taha ben Mosbeh (Echelle 1/5.000).

Les parcelles délimitées en rouge sont de la gauche vers la droite : P1, P2, P3 avec l'existence d'un sondage au milieu des trois parcelles.

Figure 3 : Esquisse d'échantillonnage de l'exploitation (Echelle 1/5.00).

Les parcelles délimitées en rouge sont de la gauche vers la droite : P4, P5, P6, P7.

1.2. Les conditions pédologiques

Tableau 1: Résultats des analyses physico-chimiques du sol pour chaque cépage (CEDART-Mars 2010)

N° Echantillon		P2 (Victoria)		P4 (Red globe)		P5 (Muscat)		P6 (Mikelli)	
Profondeur (cm)		0-40	40-80	0-40	40-80	0-40	40-80	0-40	40-80
Argile	%	5	3	20	6	2	2	3	3
Limon	%	5	4	4	7	4	3	4	4
Sable	%	90	93	76	87	94	95	93	93
pH1/2,5 H2O		8,1	8,2	8,0	7,7	8,1	8,2	7,8	7,8
Conductivité P.S (mmhos/cm)		0,95	1,00	1,28	1,96	0,80	0,61	0,60	0,67
Calcaire total	%	-	-	-	-	-	-	-	-
Calcaire actif	%	-	-	-	-	-	-	-	-
Carbone organique	%	0,42	0,14	0,60	0,13	0,38	0,14	0,35	0,26
Matière organique	%	0,71	0,24	1,03	0,22	0,65	0,24	0,60	0,45
Azote total		0,44	0,16	0,58	0,15	0,40	0,15	0,38	0,25
C / N		9,54	8,75	10,34	8,66	9,50	9,33	9,21	10,40
Potassium éch. (K2O ppm)		198	108	295	84	240	103	132	80
Phosphore ass. (P2O5 ppm)		121	34	38	3	39	9	38	15
C.E.C	meq/ 100 g	4,40	3,20	9,70	3,70	2,70	2,00	4,30	4,00
Ca éch.	meq/ 100 g	2,64	1,96	6,85	2,51	1,55	1,27	2,87	2,65
Mg éch.	meq/ 100 g	0,79	0,71	1,44	0,54	0,35	0,27	0,88	0,89
Na éch.	meq/ 100 g	0,54	0,30	0,78	0,48	0,28	0,24	0,33	0,33
K éch.	meq/ 100 g	0,42	0,23	0,63	0,18	0,51	0,22	0,23	0,14
Ca	% C.E.C	60,00	61,25	70,61	67,83	57,40	63,50	66,74	66,25
Mg	% C.E.C	17,95	22,18	14,84	14,59	12,96	13,50	20,46	22,25
Na	% C.E.C	12,27	9,37	8,04	12,97	10,37	12,00	7,67	8,25
K	% C.E.C	9,54	7,18	6,49	4,86	18,88	11,00	5,35	3,50

Pour la majorité des échantillons analysés, il s'agit d'un sol sableux à pH basique (alcalin), pauvre en matière organique, en azote, en potassium et moyennement riche en magnésium. C'est un sol filtrant non salin et déséquilibré en potassium et magnésium. En effet, le rapport K/Mg qui doit être compris entre 3 et 7, est considéré très faible pour tous les échantillons analysés.

Afin d'améliorer la fertilité potentielle des terres, il est recommandé dans le contexte d'exploiter d'une manière intensif le sol, il est recommandé d'appliquer une fumure de redressement minérale et organique conformément aux recommandations détaillées dans le tableau n°3 et proposé par le même laboratoire d'analyse.

Tableau 2 : Interprétation des résultats d'analyse physico-chimique du sol.

N° Ech	P2 (Victoria)		P4 (Red globe)		P5 (Italia)		P6 (M. Palierie)	
Profondeur (cm)	0-40	40-80	0-40	40-80	0-40	40-80	0-40	40-80
Texture	S	S	L.S	S	S	S	S	S
pH	Alcalin	alcalin	alcalin	alcalin	alcalin	alcalin	alcalin	Alcalin
Salinité	**	**	**	**	**	**	**	**
Calcaire	*	*	*	*	*	*	*	*
Matière organique	*	*	*	*	*	*	*	*
Azote total	*	*	*	*	*	*	*	*
C/N	**	**	**	**	**	**	**	**
Potassium	**	*	**	-	**	*	*	-
Phosphore	****	**	**	*	**	*	**	*
C.E.C	*	*	**	*	*	*	*	*
Calcium / C.E.C	**	**	**	**	**	**	**	**
Magnésium / C.E.C	****	****	****	****	****	****	****	****
Potassium / C.E.C	**	**	**	*	**	**	**	**
Sodium / C.E.C	**	**	**	**	**	**	**	**

N.B. Niveau très élevé ****, Elevé ***, Normal **, Faible *, très faible -,

S : Sableuse, L .S : Limono – sableuse.

Tableau 3 : Recommandation pour la fertilisation proposées par (CEDART- Mars 2010)

Unité parcellaire Fumure minérale	P2 (Victoria)	P4 (Red glob)	P5 (Muscat)	P6 (Michelle)
Fumure phosphatée (kg /ha)	-	250	250	200
Fumure potassique (kg/ha)	-	-	-	800
Fumure magnésienne (Kg/ha)	-	-	750	-
Fumure organique (T/ha)	80	60	100	100

1.3. Les Analyses des eaux

Les eaux des sondages sont moyennement chargées en sels solubles (Résidu sec : 2,0g/l pour le sondage 1 et 1,56 pour le sondage 2) par conséquent, elles sont de qualité moyenne pour l'irrigation.

Ces eaux sont considérées bien pourvues en bicarbonates de calcium pouvant engendrer des problèmes de bouchage en cas d'utilisation d'un système d'irrigation localisé.

A cet effet, il faux prévoir des opérations périodiques de détartrage moyennant l'utilisation d'acide nitrique afin, d'une part, de protéger le système d'irrigation et d'autre part, diminuer le pH dans la solution du sol. Cette opération doit être effectuée, au démarrage du cycle d'irrigation.

Tableau 4 : Bilans analytiques des eaux (CEDART- Mars 2010).

Nature de la source		Sondage 1	Sondage 2
PH		7,2	7,1
Conductivité électrique	(ds/m)	2,86	2,23
Résidu sec	(g/l)	2,00	1,56
S.A.R		5,92	3,73
Ca^{++}	Me/l	7,0	7,25
	ppm	140	145
Mg^{++}	Me/l	5,33	4,75
	ppm	64	57
Na^+	Me/l	14,7	9,13
	ppm	340	210
K^+	Me/l	0,16	0,11
	ppm	6,2	4,4
CO_3^-	Me/l	-	-
	ppm	-	-
HCO_3^-	Me/l	7,15	6,25
	ppm	436,15	381,25
Cl^-	Me/l	17,8	13,2
	ppm	631,9	468,6
SO_4^-	Me/l	3,0	3,0
	ppm	144	144

1.4. Les conditions climatiques du vignoble

La région du MORNAG est caractérisée par un climat frais en hiver et chaud en été. Elle appartient à l'étage bioclimatique semi-aride supérieur à hiver doux. En se référant aux données bioclimatiques de la station de mesure climatique de l'INRA dans la région de Mornag, les principales caractéristiques du climat de cette région se présentent comme suit :

1.4.1. La pluviométrie

Calculée sur une période de dix années, la pluviométrie moyenne annuelle est de l'ordre de 450mm avec des variations relativement importantes d'une année à l'autre.

La période de sécheresse dans la zone du projet s'étend sur 4 mois environ, soit du mois de juin jusqu'au mois de septembre. C'est une période critique pour le développement de la vigne, d'où l'obligation du recours à l'irrigation.

1.4.2. La température

La température moyenne annuelle est d'environ 18.4 °C; celle des mois les plus chauds (juillet, août) est de 34°C et celle des mois les plus froids (Janvier, février) est de 7.2°C. Des températures de –1°C ont été enregistrées entre décembre et février et des températures de 43°C ont été mesurées durant le mois de juillet.

1.4.3. L'évapotranspiration

La moyenne de l'évapotranspiration potentielle calculée sur la base des données de la station de météorologie la plus proche, et par les méthodes de Riou et Blanny Criddle est de 1450 mm par an. Le rapprochement des relevées de la pluviométrie et des valeurs de l'E.T.P., montre un déficit hydrique allant du mois de mars au mois de novembre.

Tableau 5 : Données climatiques de la région de MORNAG (Laboratoire de Bioclimatologie de l'INRAT, 2011).

Mois	Jan.	Fév.	Mars	Av.	Mai	Juin	Juil	A.	Sep.	Oct.	Nov.	Déc.	Moy ou Total
T. Moyenne °C	11.5	12	13.2	15.6	19.3	23.7	26.3	26.8	24.4	20.4	15.9	12.5	**18.4**
T. minimale °C	7.2	7.4	8.3	10.4	13.7	17.3	20	20.8	19	15.5	11.3	8.2	**13.3**
T.Maximale °C	15.7	16.5	18.1	20.7	24.9	29	32.6	32.7	29.7	25.2	20.2	16.7	**23.5**
Humidité relative (%)	76	74	73	71	68	64	62	64	68	72	74	77	**70**
Humidité minimale (%)	59	56	53	49	45	39	37	39	45	51	55	59	**49**
Humidité maximale (%)	94	93	93	92	91	88	87	88	91	93	93	94	**91**
Vitesse du vent (m/s)	12	13	13	12	12	12	12	11	11	11	10	11	**12**
Précipitations en mm	59.3	57	47.2	38	22.6	10.4	3.1	7.1	32.5	65.5	56	66.8	**465.5**
Nombre moyen de jours de pluie	9	8	8	6	4	2	1	1	4	7	7	8	**65**
Evaporation en mm	2.3	2.5	3	3.7	4.6	6	7	6.3	4.8	3.5	2.7	2.3	**4.1**
Insolation en heures	4.7	5.7	6.4	7.5	9.1	10.3	11.7	10.6	8.6	7	5.8	4.8	**7.7**

1.4.4. Le vent

Les vents sont assez fréquents. Ils peuvent atteindre une vitesse de 6 m/s (21.6 km/h) et soufflent notamment durant les mois de mars et avril. Les journées de sirocco sont vécues durant les mois de juin, juillet et août. Elles peuvent durer jusqu'à 21 jours.

1.4.5. Les autres aléas climatiques

Les gelées sont observées généralement durant les mois de janvier et de février mais avec une fréquence très faible. Les chutes de grêle sont peu fréquentes et sont de faible intensité.

1.4.6. Le mode de conduite du vignoble

Le type de palissage pergola est adopté pour toutes les variétés. Le cep est constitué d'un tronc vertical haut et ramifié en quatre bras à environ 1.2 m du niveau du sol.

A la taille d'hiver on laisse sur chaque bras une baguette de 8 à 15 yeux et parfois un courson de 2 à 3 yeux.

Figure 4 : Cep taillé à 4 baguettes (cépage Michelle Palieri).

2. Etude comparative des paramètres de débourrement et de la fertilité de la vigne

L'étude comparative des paramètres liés au débourrement et à la fertilité des bourgeons de quatre cépages Red Globe, Italia, Victoria et Michelle Palieri, a été réalisée durant la période janvier mai 2011 c'est juste après la taille d'hiver. Il s'agit de comparer le comportement de la vigne concernant uniquement les deux paramètres ; le débourrement et la fertilité des bourgeons et ce, selon leur rang sur la baguette.

Nous avons fixé 30 ceps qui se rapprochent de point de vue âge, vigueur et architecture (même nombre et longueur des baguettes ainsi que les coursons).

Nous avons commencé l'enquête par la mesure du diamètre des baguettes entre le 3ème et le 4ème nœud.

Au cours de notre suivi du débourrement des bourgeons, nous avons pu constater que le démarrage est basale (basitonie), terminal en deuxième lieu (acrotonie) et médiane en dernier lieu. Cette hétérogénéité persiste même aux stades plus avancés de croissance végétative (préfloraison) (fig.5).

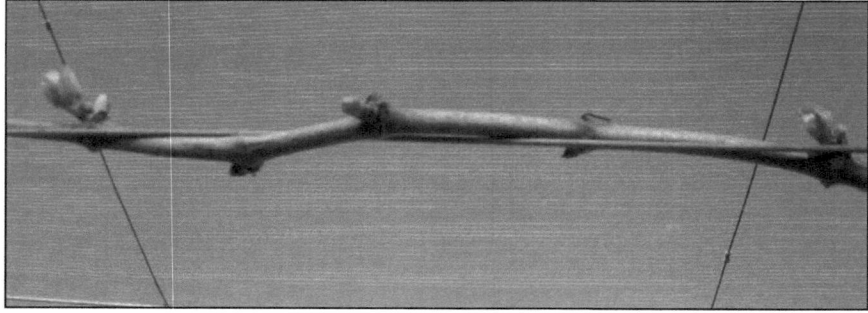

Figure 5 : Hétérogénéité du développement des bourgeons sur une baguette du cépage Italia

Durant mon stage sur le lieu de la ferme, j'ai pu enregistrer les dates des stades les plus critiques de la vigne pour chaque cépage (tableau n°3)

Tableau 6 : Différents stades phrénologiques des cépages durant la période d'étude.

Variété Stade de croissance	Red Globe	Victoria	Michelle Palierie	Italia
Bourgeon dans le coton	18 mars	22 mars	24 mars	18 mars
Grappes visibles	05 avril	8 avril	18 avril	05 avril
Floraison	02 mai	10 mai	11 mai	07 mai
Fin de la floraison	11 mai	20 mai	19 mai	15 mai

Figure 6 : Stade pleine floraison chez le cépage Victoria

Figure 7 : Stade boutons floraux séparés chez le cépage Michelle Palieri

Durant mon stage dans ce vignoble, j'ai pu aussi assister à plusieurs opérations. En effet, selon le période, le stade physiologique et le cépage, différentes opérations ont été exécutées :

- Un labour a été effectué dés l'écoulement des pleures qui annoncent la reprise de l'activité racinaire.

- Après le débourrement et dès que les rameaux atteignent une longueur supérieur à 50cm, ceux-ci doivent être dirigés à l'extérieur du milieu du cep et bien fixés sur les fils de fer pour minimiser les dégâts causés par le vent. Cette opération est très délicate et nécessite beaucoup de soin des manipulateurs pour éviter les cassures, car les rameaux sont très fragiles à ce stade. De cette manière, on arriver à bien couvrir le toit de la pergola et à obtenir la meilleure surface foliaire exposée et la meilleure répartition des grappes.

- Un désherbage manuel est effectué à chaque fois qu'il y a développement des adventices. Cette opération est beaucoup plus importante au stade floraison car les herbes surtout à fleurs jaunes sont les lieux préférés des thrips.

- Des traitements phytosanitaires contre les acariens, l'oïdium, le mildiou et les thrips, sont réalisés par l'utilisation du soufre (sous ses deux formes ; fleur et mouillable), du cuivre, du manèbe et mancozèbe, Bouillie bordelaise, ...

- Avant la floraison, un éclaircissage des grappes entières est effectué seulement pour le cépage Victoria puisqu'il s'agit d'un cépage très fertile et précoce. Les grappes conservées seront beaucoup plus plaines et avec des baies de meilleur calibre.

3. Matériel végétal

L'étude a été effectuée sur quatre cépages à raisin de table introduits en Tunisie : Muscat d'Italie ou Italia , Red globe, Victoria et Michelle Palieri.

Le cépage Italia occupe à lui seul 90% de la superficie consacrée au cépage de saison (GIF, 2005). Il constitue le principal cépage cultivé à Mornag. C'est aussi le principal cépage de table à l'échelle mondial. En effet, en Italie, 65% environ de la production de raisin de table provient du cépage Italia (Rana et al, 2004).

Le Red Globe est le raisin le plus diffusé parmi les variétés qui ont récemment vu le jour.

3.1. Caractéristiques des cépages

3.1.1. Red globe :

Cépage rouge, de maturité moyenne avec pépins.

- **Origine:** obtenue par H.P. Olmo et A. Koyoma en Californie, USA. Date : 1958
- **Parents:** (Hunisia x Emperor) x (Hunisia x Emperor x Nocera).
- **Epoque de maturité:** A partir de fin Août (en Tunisie).
- **Particularité:** variété rose rouge à grosses baies.
- **La grappe :** grosse grappe longue et lâche, ailée.
- **La baie :** *Forme : arrondie ; *Poids : 10 - 11 gr ; *Couleur : rose – rouge.
- **Le goût :** Texture : peau épaisse, Chair : ferme et croquante Saveur : neutre
- **Aspects Culturaux :**

    *Fertilité : très élevée ; *Productivité : très élevée ;* Vigueur : élevée

    *Taux de sucre : de 16 à 17% ; *Taille : moyenne ;

    *Forme de conduite : elle s'adapte à la pergola

NB : Cette variété est très intéressante pour sa couleur et sa taille, ce qui en fait un des cépages les plus appréciés sur le marché.

3.1.2. Muscat d'Italie :

Cépage blanc, de maturité moyenne avec pépins.

- **Origine :** Italie, Prof. Alberto Pirovano
- **Date :** 1911
- **Parents :** Bicane B x Muscat de Hambourg N
- **Synonime :** Italia, Idéal .
- **Epoque de maturité :** Septembre.
- **Particularité :** variété vigoureuse, blanche à gros grains
- **La grappe :** grosse grappe homogène, aérée, avec 2 ou 3 ailes, bel aspect
- **La baie: Forme** : grosse, elliptique ;   Poids: 7-8 gr ;   Couleur: jaune doré.
- **Le goût:** *Texture : peau épaisse, consistante et pruineuse ; *Chair: croquante et juteuse ;* Saveur : muscatée si la baie est dorée.
- **Aspects Culturaux :**

    * **Fertilité :** élevée (1,2) ; ***Vigueur :** forte ; ***Taille :** longue ;

    * **Productivité :** moyenne à élevée (élevée avec du goutte à goutte.

    * **Taux de sucre:** de 15 à 20% ; ***Maladie:** sensible Oïdium et Botrytis.

    * **Forme de conduite :** s'adapte à la conduite élevée (pergola).

NB : Cette variété très vigoureuse a un très bel aspect lorsque ses grappes sont bien dorées. Elle se caractérise par un léger arôme de muscat et des baies croquantes de grande taille, très apprécié des consommateurs.

3.1.3. Michelle Palieri :

Variété noire, précoce avec pépins.

- **Origine** : cépage obtenu à Velletri en Italie par Michele Palieri.
- **Parents** : Alphonse Lavallée x Red Malaga.
- **Synonime** : Palieri.
- **Epoque de maturité** : Fin Août.
- **Particularité** : sa précocité et sa productivité constante.
- **La grappe** : grande grappe conique ou pyramidale, aérée, lâche.
- **La baie:** *Forme: cylindrique elliptique, grande; *Poids: 10gr ; *Couleur: violet à noir
- **Le goût** : *Texture : peau moyennement épaisse à épaisse, résistante et très pruineuse.

    * Chair : ferme et croquante ; *Saveur : neutre.
- **Aspects culturaux :**

    *__Fertilité__ : élevée (1) ; *__Vigueur__ : élevé ; *__Taille__ : moyenne.

    *__Production:__ moyenne ;*__Taux de sucre:__ 14-17% ;*__Conduite:__ Pergola.

C'est une variété qui est très appréciée sur le marché du fait de sa couleur, un noir violacé, et du bel aspect de sa grappe.

3.1.4. Victoria :

Variété blanche, précoce et avec pépins.

- **Origine** : L'institut de Recherche Horticole de Dragasani, obtenue par Lepodatu Victoria et Condei Gheorghe.
- **Parents** : Cardinal x Regina
- **Synonime** : Hibridul 2-13-8, Victoria Blanc, Vittoria

- **Epoque de maturité :** Juillet.
  Particularité : sa précocité et sa productivité constante.
- **La grappe :** grosse grappe souple, de forme cylindrique.
- **La baie:** Forme: cylindrique – elliptique ;   Poids: 10 gr ;   Couleur : vert-jaune.
- **Le goût :** *Texture : peau légèrement pruineuse et moyennement épaisse.
        *Chair: croquante. ;   *Saveur: neutre.
- **Aspects culturaux :**
  Fertilité: élevée (1,2) ; *Vigueur:* moyenne ; *Taille:* courte à moyenne.
  Production: élevée ;   *Taux de sucre:* 15%. ; *Maladie :* légèrement sensible à l'oïdium et au botrytis.
  * **Forme de culture :** s'adapte bien à la pergola ou au palissage.

C'est une variété intéressante pour les producteurs de raisin de table du fait de sa production élevée, de sa précocité et pour l'aspect des grappes.

Figure 8 : Grappes des cépages étudiés.

3ème partie : Résultats et discussion

1. Fluctuation du débourrement des bourgeons selon leur rang sur la baguette

Le suivi de la fluctuation du débourrement des bourgeons latents selon leur rang sur la baguette a été réalisé sur 30 ceps pour chaque cépage. Ceci nous a permis de réaliser une étude comparative sur quatre cépages Red Globe, Italia, Victoria et Michelle Palieri.

Rappelons que les ceps sélectionnés pour notre étude se rapprochent de point de vue âge, vigueur et architecture (même nombre et longueur des baguettes ainsi que les coursons).

1.1. Etude de la variation du débourrement en fonction des cépages

1.1.1. Cas du cépage Red globe

Les résultats des observations de débourrement des bourgeons du cépage Red Globe selon leur rang d'insertion sur la baguette, sont représentés dans la figure 9. Nous pouvons ainsi constater que :

> Le débourrement croit de la base vers le milieu et atteint son maximum au niveau du bourgeon du rang 11 (144,3 %), puis décroit légèrement mais garde un niveau plus élevé que les autres bourgeons de la base.

> Le pourcentage du débourrement au niveau du 3ème bourgeon est presque 100%; c'est-à-dire un rameau par bourgeon. Au-delà, nous avons pu observer deux et parfois même 3 rameaux par bourgeon.

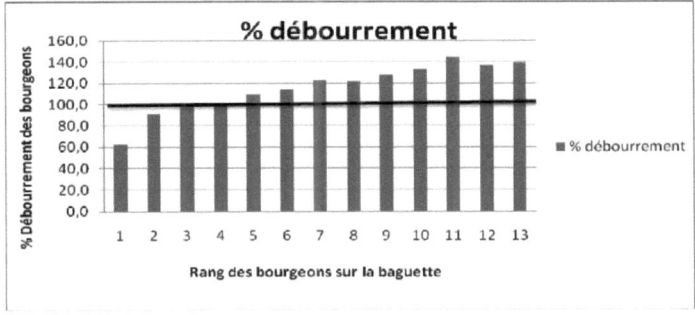

Figure 9 : Fluctuation du débourrement en fonction du rang du bourgeon (cépage Red Globe).

➤ Le phénomène de l'acrotonie est très net pour ce cépage Red Globe.

➤ En définitif, le débourrement se manifeste par trois comportements selon le rang d'insertion des bourgeons ;

* Une zone basale de la baguette faisant une inclinaison par rapport au vertical avant d'être pliée sur le fil de fer. Cette situation a affecté négativement le débourrement et les bourgeons se sont manifestés par un pourcentage de débourrement qui n'a pas pu atteindre 100%.

* Une zone médiane là où la baguette subit une arcure sous l'effet de la fixation sur le fil de fer. Ce phénomène d'arcure a pu améliorer le pourcentage de débourrement des bourgeons qui a même dépassé le 100% (du 5ème au 7ème bourgeon). Plusieurs auteurs (Champagnol, 1984 ; Reynier, 1991 ; Huglin et Schneider, 1998; Galet, 2000) ont insisté sur l'intérêt de la pratique de l'arcure pour l'amélioration du pourcentage du débourrement.

* Une zone terminale là où la baguette subit le phénomène de torsade (arcures multiples) en plus du phénomène d'acrotonie. Ces deux phénomènes ont favorisé le débourrement même des bourgeons secondaires c'est pourquoi on observe deux et même parfois trois pousses par nœud dans cette zone. Ceci peut être expliqué par le faite qu'un cep est vigoureux et que la charge en bourgeon laissée après la taille n'est pas suffisante pour l'expression de toute la capacité de son énergie pour le débourrement, c'est pourquoi il y a eu développement des bourgeons secondaires et mêmes tertiaires au niveau du même nœud. Ceci n'est pas conforme avec l'idée de Reynier (1991) qui indique que l'acrotonie est avantagée chez les souches faibles.

1.1.2. Cas du cépage Italia

Le comportement de débourrement selon le rang des bourgeons pour le cépage Italia est bien visualisé par la figure 10. Nous pouvons en déduire que :

➤ Comparé au cépage Red Globe, les bourgeons du cépage Italia ont un comportement différent surtout aux extrémités de la baguette (à la base et à la fin). Les yeux qui débourrent difficilement sont à la base dans la zone désignée par Reynier (1986) 'fenêtre'.

➤ Le taux de débourrement croit de la base vers le sommet de la baguette avec une chute vers le milieu au niveau du 5ème bourgeon. Ceci est confirmé par les résultats obtenus par Zemni (1992) qui, en travaillant sur le même cépage Italia et sur des baguettes d'une longueur de 18 bourgeons, à pu distinguer 3 zones de comportement complètement différents : une zone terminal bien favorisée par le débourrement et la croissance des pousses, une zone basale de moindre importance et une zone médiane défavorisée. Bessis (1965) a précisé que la précocité de débourrement des bourgeons de l'extrémité a pour conséquence de retarder, voir même, d'empêcher le débourrement des bourgeons de rang inférieur par inhibition corrélative. En comparant nos résultats avec ceux de Zemni (1992), il semble que le phénomène de corrélation entre bourgeons s'accentue dans le cas d'une longueur exagérée de la baguette.

➢ Le pourcentage de débourrement atteint son maximum au niveau des bourgeons terminaux le 11ème et le 12ème bourgeon sous l'effet de l'acrotonie et n'a jamais dépassé 100%.

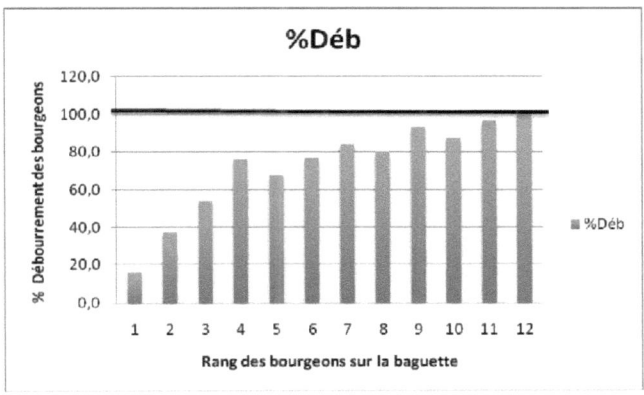

Figure 10 : Fluctuation du débourrement des bourgeons en fonction de leur rang sur la baguette (cépage Italia)

1.1.3. Cas du cépage Michelle Palieri

Les résultats du dénombrement du débourrement selon le rang des bourgeons pour le cépage Michelle Palieri sont présentés par la figure 11 ; Ainsi nous pouvons constater que :

➢ Une croissance du pourcentage de débourrement à partir du 3ème bourgeon pour atteindre un palier vers le 7ème bourgeon. Ce pourcentage reste sans modification notable jusqu'à la fin de la baguette.

➢ Le pourcentage de débourrement dépasse légèrement 100% au niveau des bourgeons du rang 11 et 12 où il atteint son maximum 103,3%.

➤ En comparant le comportement du cépage Michelle Palieri avec Italia, il semble que le premier débourre mieux et surtout à partir du 5ème bourgeon. En effet, à partir de ce rang, les bourgeons ont un pourcentage de débourrement qui se rapproche de 100%.

➤ Les bourgeons de la base ont subit une corrélation inhibitrice de ceux de l'extrémité qui s'est manifesté par un manque et même un retard de débourrement.

➤ Au niveau de l'extrémité, les bourgeons débourrent bien mais rarement avec plus d'un rameau.

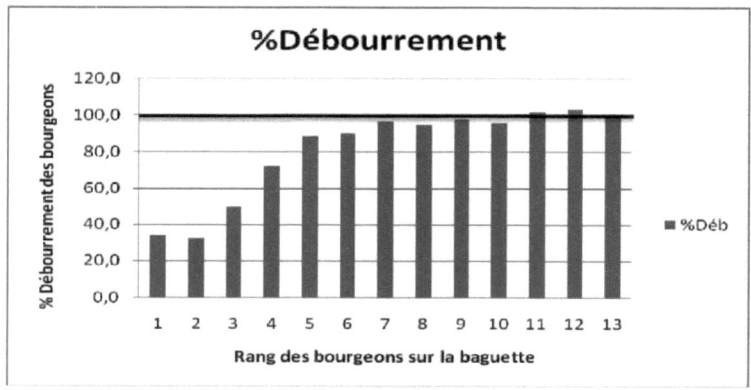

Figure 11 : Fluctuation du débourrement en fonction du rang du bourgeon (Michelle Palierri).

1.1.4. Cas du Cépage Victoria

Les résultats des observations de débourrement des bourgeons du cépage Victoria selon leur rang d'insertion sur la baguette sont représentés dans la figure 12. Nous pouvons ainsi constater que :

➤ Le pourcentage de débourrement est très faible à la base (en dessous de 10% pour le premier bourgeon).

➤ Le pourcentage de débourrement atteint son optimum (100%) vers le 9ème bourgeon. Le comportement des quatre derniers bourgeons est presque semblable sauf pour le 11ème qui se distingue par le pourcentage le plus élevé (108,33 %).

➤ En définitif, le pourcentage de débourrement croit rapidement du premier au quatrième bourgeon puis diminue jusqu'au sixième et reprend la croissance jusqu'au neuvième. Au-delà de ce dernier, le pourcentage subit une légère modification.

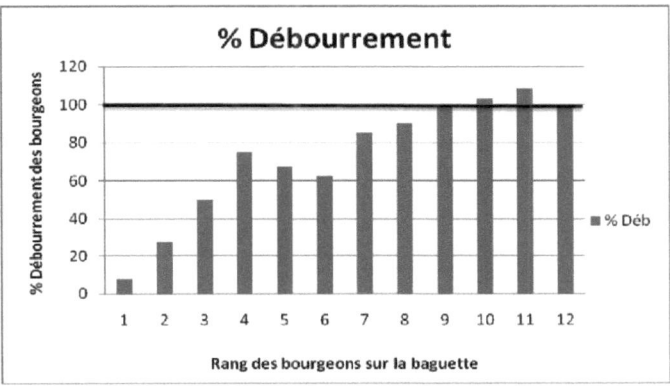

Figure 12 : Fluctuation du débourrement en fonction du rang du bourgeon (cépage Victoria).

1.2. Analyse statistique des données relatives au débourrement

Dans le but de comparer la réponse des quatre cépages introduits au phénomène de débourrement, nous avons utilisé le test Student et nous avons procédé comme suit :

- Nos échantillons sont indépendants, il s'agit de 40 baguettes pour chaque cépage.
- Calcul de la différence du taux de débourrement entre les variétés deux par deux et des moyennes des différences.
- calcul de l'écart type σ:

$$\sigma = \frac{\sum_{1}^{N}(y_i - \bar{y})^2}{N}$$

- calcul de t (formule) :

$$t = \frac{\bar{d} - 0}{\frac{\sigma}{\sqrt{N}}}$$

Deux hypothèses sont proposées pour comparer l'effet de chaque variété sur la réponse choisie :

$H_0 : \mu_0 \leq 0$: la population p_1 (la variété) a un effet inférieur à celle de p_2.

$H_1 : \mu_0 > 0$: la population p_1 (la variété) a un effet supérieur à celle de p_2.

La valeur de μ_0 représente la moyenne des différences des valeurs entre deux populations.

Les résultats sont représentés dans le tableau suivant :

Tableau 7 : Les valeurs de t (test-Student)

Cépage	Red globe	Italia	Michelle	Victoria
Red globe	-			
Italia	9,272*	-		
Michelle	7,2428*	-2,040*	-	
Victoria	11,8957*	2,0640*	4,6877*	_

(*)On compare les valeurs du tableau par rapport à $t_{39, 0.05}$.

D'après ces résultats nous pouvons constater qu'il ya une différence hautement significative entre la réponse au débourrement de ces cépages ; sauf pour les cas de comparaison entre Italia et Michelle Palieri et Italia et Victoria, les valeurs de t sont très proches de celle tabulée. Ce qui signifie que le taux de débourrement du Red globe est beaucoup plus élevé que les autres cépages. Nous pouvons, ainsi, classer ces cépages selon un gradient décroissant :

Red globe (111.5%) > Michelle Palieri (80%) > Victoria (73%) > Italia (72%)

1.3. Conclusion sur la réponse des quatre cépages introduits au débourrement

Pour bien expliquer le comportement des bourgeons, selon leurs rangs d'insertion, concernant le débourrement, il serait mieux de diviser la baguette en trois zones ; une basale, une médiane et une terminale.

1.3.1. La zone basale

Concernant le premier bourgeon, le pourcentage de débourrement le plus faible est enregistré chez les cépages Red Globe et Italia. Pour Michelle Palieri c'est le 2ème bourgeon qui manifeste le pourcentage de débourrement le plus faible.

Il est claire donc que le débourrement des bourgeons de la base est inhibés le plus par rapport aux autres bourgeons supérieurs et ce, pour tous les cépages étudiés. Ce phénomène d'inhibition générale est lié à la physiologie même de l'espèce. En effet, Plusieurs auteurs (Bessis, 1965 ; Champagnol, 1984 ; Huglin et Schneider, 1998 ; Galet, 2000) ont précisé que les bourgeons de la base ont du mal à débourrer du faite de leur insertion dans une zone où la baguette développe le diamètre le plus important et que les nœuds sont très rapprochés. De ce fait, les bourgeons s'aplatissent et s'enfoncent dans l'écorce de la baguette et trouvent beaucoup de difficultés pour se gonfler et débourrer.

Toutefois, le débourrement des yeux de la base est très recherché par le viticulteur car il permet de renouveler le cep au moment de la taille à un niveau respecté (toujours en dessous du premier fil de fer). En effet, au niveau de chaque bras du cep, l'idéal est d'avoir un courson de deux à trois yeux en bas et une baguette de 8 à 15 bourgeons un peu plus haut tout en restant très éloigné du premier fil de fer.

1.3.2. La zone médiane

La deuxième partie de la baguette qui commence à partir du 4ème bourgeon a un comportement, concernant le débourrement, semblable pour tous les cépages étudiés. C'est sous l'effet de l'arcure, provoquée par la fixation et le palissage de la baguette sur le fil de fer, que les bourgeons manifestent un débourrement meilleur que ceux de la base. Selon des explications mentionnées par Champagnol (1984) et Huglin et Schneider (1998), l'arcure de la baguette provoque une déviation du circuit de la circulation de la sève au niveau des tissus conducteurs en avantageant les bourgeons les plus proches (dans la zone de l'arcure). En effet la « pliure » de la baguette, en étirant et en écrasant les vaisseaux conducteurs, constitue un « véritable barrage » à la circulation de la sève. Cette arcure est suffisante pour assurer le développement des pousses de la base sans empêcher une alimentation correcte des rameaux de l'extrémité qui portent le plus grand nombre de grappes. Selon Reynier (1991) et Galet (2000), l'incidence de l'arcure sur le débourrement est de même importance pour la plupart des cépages à taille longue.

1.3.3. La zone terminale (apicale)

Cette zone est dominée par le phénomène de l'acrotonie et qui est général pour tous les cépages. Toutefois, ce phénomène est accentué chez les cépages vigoureux comme le Red Globe. Ceci est confirmé par Allani (1983) et Yahyaoui (1991) qui ont montré que plus une souche est vigoureuse, plus le pourcentage de débourrement est élevé.

Si nous considérons que les quatre cépages étudiés sont conduits de la même manière (surtout même programme d'alimentation hydrique et minérale, même programme de traitement phytosanitaire et mêmes travaux en vert), Red globe semble être le plus vigoureux. En effet, le débourrement exprime une certaine énergie stockée sous forme d'amidon dans le bois et qui est mobilisé juste avant le processus de débourrement et permet de nourrir les bourgeons afin de pouvoir démarrer sans avoir besoin de la photosynthèse. D'ailleurs, Carbonneau (1980) explique que la vigueur traduit une certaine teneur en réserves stockées (amidon) au niveau de la souche et que son expression débute par le débourrement et se poursuit jusqu'à ce que les pousses atteignent 6 à 8 feuilles de longueur. Selon Champagnol (1984), cette réserve stockée dans le bois, la saison précédente, est primordiale pour la croissance de la partie préformée des bourgeons. La photosynthèse, proprement dite, ne commence objectivement que lorsque les pousses atteignent la partie néoformée (au-delà de la 8ème feuille).

2. Variation de la fertilité des bourgeons selon leur rang sur la baguette

La fertilité n'est autre que le nombre moyen de grappes (sur un rang déterminé) portées par les bourgeons qui ont évolué en pousses. Il s'agit, tout simplement, du rapport nombre de grappes/nombre de rameaux.

Les résultats du comptage du nombre de grappes apparues pour chaque pousse nous ont permis de constater une nette variation selon le rang des bourgeons et selon le cépage. En analysant les graphiques 13, 14, 15 et 16, nous avons pu distinguer trois classes sur chaque courbe.

2.1. Etude de la variation de la fertilité en fonction des cépages

2.1.1. Cas du cépage Red globe

Les résultats sont visualisés par la figure 13 ; nous pouvons en déduire que :

- La fertilité croit de la base vers le milieu et atteint son maximum 1,6 au niveau du bourgeon de rang 12.

- Pour ce cépage le nombre de grappes est assez important, il s'agit d'une moyenne totale de 1,34 grappes/ bourgeons, contre une moyenne de 0,63 grappe/bourgeon pour les bourgeons de la première classe. Ces derniers sont très peu fertiles avec 6,26 % de la totalité des grappes obtenues par cep. Le faite d'avoir des pousses non fertiles à la base, permet d'assurer un renouvellement de la souche au moment de la taille par des baguettes vigoureuses.

- La fertilité des bourgeons augmente pour la deuxième classe (multiplié par 5) et atteint 1 pour le bourgeon n° 8.
- Plus de 50% de la récolte est concentrée au niveau des bourgeons de la 3ème classe (les bourgeons de l'extrémité de la baguette). Ce sont les yeux les plus fertiles et qui assurent à eux seuls presque les deux tiers des grappes de tout le cep.
- En effet, les bourgeons de la zone terminale de la baguette sont déjà favorisés par le phénomène de l'acrotonie au niveau du débourrement. Ce stade végétatif constitue la première manifestation visible de la croissance reflétant un certain niveau de vigueur et qui se confirme par une fertilité nettement meilleure des yeux de l'extrémité.
- Sachant que Red Globe se caractérise par des grappes volumineuses et leur poids dépasse même 1kg, il est raisonnable de prolonger la baguette même au-delà de 12 yeux pour espacer les grappes sur tout l'espace réservé au cep. Ceci est d'un grand intérêt pour les viticulteurs afin de mieux aérer la grappe et mieux l'exposer à la lumière pour garantir la meilleure coloration et l'hygiène du raisin produit. En effet, l'encombrement des rameaux et des grappes dans une zone terminale de 4 à 5 bourgeons de la baguette, favorise la création d'un microclimat humide très favorable à l'installation des maladies fongiques telles que l'oïdium et les pourritures grise et acide. De plus, Red globe est un cépage très sensible aux coûts de siroccos et, par conséquent, l'effeuillage est rarement appliqué avant le stade véraison. De ce faite, les feuilles protégeant le fruit viennent accentuer le phénomène d'encombrement des rameaux et des grappes dans la zone terminale de la baguette. Pour trouver une solution à cette situation délicate, Reynier (1986) signale qu'une suppression de moins de 25% de grappes n'a pas d'effet notable sur la diminution de la récolte, puisqu'il y a **un phénomène de compensation** qui se reflète sur la qualité de la production.

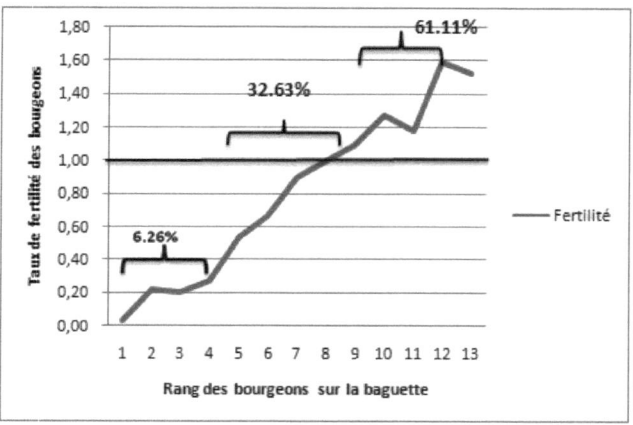

Figure 13 : Evolution de la fertilité en fonction du rang du bourgeon (Red globe).

2.1.2. Cas du cépage Italia

D'après les résultats représentés dans la figure 14, nous pouvons constater que :

- Comme le cas du Red Globe les bourgeons de la 3ème classe sont les plus fertiles et assurent à eux seuls 51,58% de la totalité des grappes produits par cep. En effet, le bourgeon terminal (du rang 12) a présenté la meilleure fertilité qui est de 1.75 grappe/bourgeon.
- La fertilité des bourgeons dépasse 1,00 à partir du 5ème bourgeon, cependant elle est assez proche de 1,00 pour les bourgeons de la base. En comparant Italia à Red Globe, la variation de la fertilité en fonction du rang du bourgeon est moins importante pour le premier. Ainsi, le cépage Italia taillé à une longueur de 12 bourgeons par baguette, peut assurer une production de grappe suffisante et bien répartie sur l'espace réservé au cep.

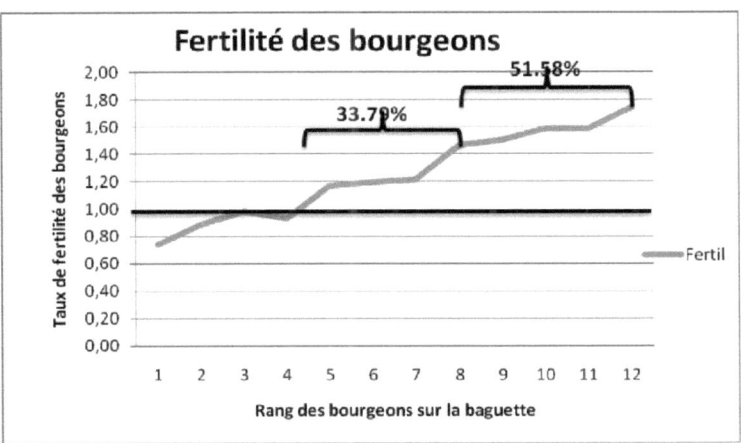

Figure 14 : Evolution de la fertilité en fonction du rang du bourgeon de la variété Italia.

2.1.3. Cas du cépage Michelle Palieri

Pour ce cépage les résultats sont représentés dans la figure 15, ainsi nous constatons que :

- La fertilité est croissante de la base vers l'extrémité et atteint son maximum 1,81grappe/bourgeon au niveau de l'œil terminal. Les bourgeons de la 3ème classe assurent 52,11 % de la récolte.

- En comparant le comportement du cépage Michelle Palieri avec Italia, il semble que les bourgeons de la base du cépage Italia sont plus fertiles. Par contre aux niveaux des extrémités nous enregistrons des taux de fertilité maximum qui se rapprochent.

- Le taux de fertilité est supérieur à 1 à partir du 5ème bourgeon. Les quatre bourgeons du rang 5, 6, 7 et 8 assurent la production de 37% des grappes produits par cep. Les grappes obtenues dans cette zone sont les mieux aérées et les mieux exposées à la lumière. De plus, les grappes de Michelle Palieri sont volumineuses et à baies rouges nécessitant de l'espace pour murir avec une bonne coloration et moins d'attaques de maladies fongiques.

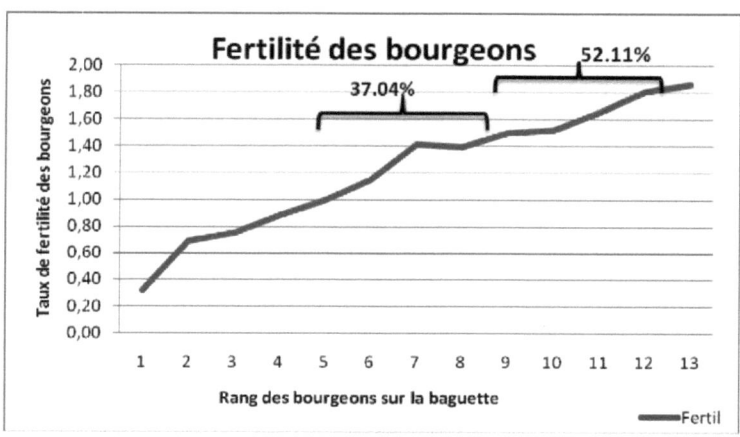

Figure 15 : Evolution de la fertilité en fonction du rang du bourgeon (cépage Michelle Palieri).

2.1.4. Cas du cépage victoria

Les résultats du dénombrement des grappes par pousse, selon le rang des bourgeons pour le cépage Victoria sont présentés par la figure 16 ; Ainsi nous pouvons constater que :

- La fertilité des bourgeons est toujours supérieure à 1 même pour ceux situés à la base de la baguette. C'est un cépage considéré très fertile par rapport aux trois autres étudiés. La fertilité moyenne de tout le cep est évaluée à 1,34 grappes /bourgeon.
- la fertilité croit de la base vers le sommet de la baguette à défaut des bourgeons 5, 7 et 11 où on assiste à une légère diminution.
- Les six derniers bourgeons de la baguette (la moitié) assurent à eux seuls la production de 71.4% des grappes produites par tout le cep.
- Pour assurer une production optimale dotée d'une bonne qualité pomologique pour ce cépage Victoria, il est obligatoire de diminuer la charge en grappes par un simple éclaircissage. En effet, cette pratique pour être appliquée de deux manières ; soit par élimination d'une grappe entière soit par des secteurs (des ramifications) de la grappe. De plus, un épointage de la partie inférieure de la grappe qui peut réduire la longueur de la rafle jusqu'à 60-70%, permet à la grappe d'acquérir une forme ronde et murit uniformément (Pedone *et al.*, 1985). A titre indicatif Sottile et Di lorenzo (1990), ont indiqué qu'un rapport grappe/rameau ne dépassant pas 1 et un nombre de bais par grappe autour de 80

pour le cépage Italia, permet d'assurer une très bonne qualité de raisin marquée par un poids moyen de la grappe autour de 1kg et un poids moyen de la baie supérieur à 12g de tant plus qu'une vigueur optimale et continue de la souche.

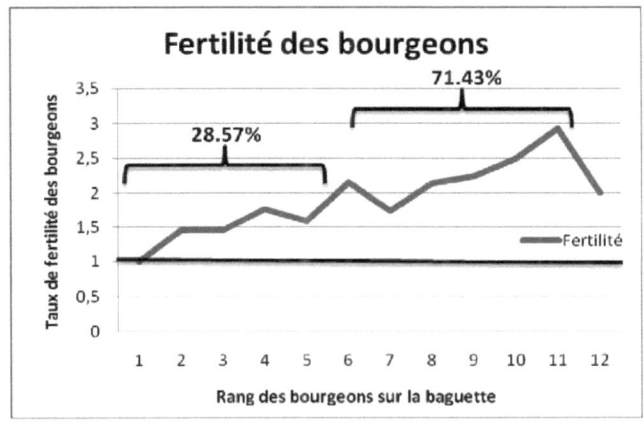

Figure 16 : Evolution de la fertilité en fonction du rang du bourgeon (Cépage Victoria).

2.2. Analyse statistique des données relatives à la fertilité des bourgeons

Tableau 8 : Les valeurs de t (test-Student)

Cépage	Red globe	Italia	Michelle Palierri	Victoria
Red globe	-			
Italia	-5,8485*	-		
Michelle Palierri	-4,4232*	-0,8122*	-	
Victoria	-17,7512*	-10,2936*	-13,5447*	-

(*)On compare les valeurs du tableau par rapport à $t_{39, 0.05}$.

D'après ce tableau nous pouvons déduire qu'il y a une différence hautement significative entre les cépages concernant la fertilité des bourgeons. Comparé aux autres cépages le Red Globe présente dans les trois cas des valeurs de t négatives, c'est-à-dire t calculée est inférieure à t tabulée. Ce qui confirme l'hypothèse H_0. Cela signifie que le cépage Red globe est le moins fertile.

De même, comparé au cépage Michelle Palierri, l'Italia s'avère moins fertile mais avec une différence non significative. Par contre le cépage Victoria présente une fertilité de loin significativement plus importante que les autres cépages.

Nous pouvons ainsi classer ces cépages selon un gradient de fertilité négative et ce, concernant la fertilité moyenne de tout le cep:

Victoria (1.9)> Michelle Palierri (1.31)> Italia (1.3)> Red globe (0.89)

2.3. Conclusion sur l'évolution de la fertilité en fonction du rang du bourgeon

D'après le comportement de tous les cépages, la fertilité potentielle se trouve influencée par le rang du bourgeon. Cela est conforme aux résultats présentés par Zemni (1992) travaillant sur uniquement le cépage Italia. En effet, sur la baguette on distingue trois zones. Une zone basale qui s'étend jusqu'aux 5èmes bourgeon où la fertilité apparente est faible (généralement inférieure à 1 sauf pour le cépage Victoria). Une zone intermédiaire (du 6ème au 9ème bourgeon) qui est marquée par une fertilité plus importante (supérieure à 1). Enfin une zone terminale présentant une fertilité très élevée (autour de 2).

3. Influence de la vigueur sur le débourrement et la fertilité des bourgeons latents

La vigueur traduit la teneur en réserves stockées (amidon) au niveau de la souche. Elle est évaluée selon un grand nombre d'auteurs (Carbonneau ; 1980 ; Champagnol, 1984 ; Huglin, 1986) comme étant le rapport poids de bois de taille sur nombre de rameau pour chaque cep. D'autre part, Huglin (1986) et Alsaidi et Dawood (1990), ont montré qu'il existe une forte corrélation entre le plus grand diamètre de la baguette et le poids de celle-ci. Ces mêmes auteurs ont conclu qu'en définitif il suffit de mesurer le diamètre pour bien estimer la vigueur.

Pour notre étude, nous avons estimé la vigueur par la mesure du plus grand diamètre de la baguette que nous avons fixé au niveau de l'entre nœud situé entre les bourgeons du rang 3 et 4.

En comparant le diamètre moyen des baguettes (figure 17) pour les quatre cépages étudiés, nous avons pu constater que la valeur la plus élevée est celle de la variété Michelle Palieri avec 1.6 cm et que la valeur la plus est celle de Victoria avec 1,22 cm. Toutefois, cette différence du diamètre moyen des baguettes semble être non signifiante. Ceci peut être expliqué par le faite que les tailleurs ont l'habitude de choisir les baguettes de taille moyenne (ni vigoureuses ni chétives) qui sont de leur avis les plus fertiles.

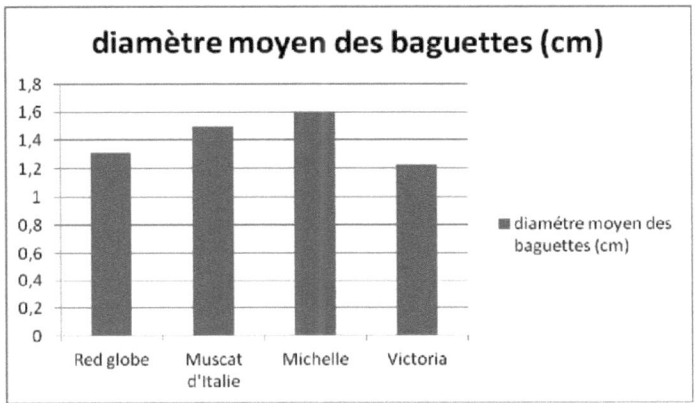

Figure 17 : Diamètres moyens des baguettes des quatre cépages.

En étudiant la relation entre la vigueur et le pourcentage de débourrement ainsi que la relation entre la vigueur et la fertilité, nous avons pu constater que la corrélation dans les deux cas et pour tous les cépages est non signifiante (figures 18, 19, 20, 21, 22, 23, 24, 25). En effet, le faite de mener cette étude sur des ceps qui ont été sélectionnés de même vigueur et ayant des baguettes de même taille, diminue les chances de trouver une corrélation entre le diamètre et le débourrement ainsi que la fertilité.

Contrairement à d'autres études (Allani, 1983 ; Yahyaoui, 1991), il existe une corrélation positive entre le diamètre de la baguette et le débourrement des bourgeons. Mais pour arriver à cette conclusion ces auteurs ont travaillé sur des baguettes de tailles extrêmes.

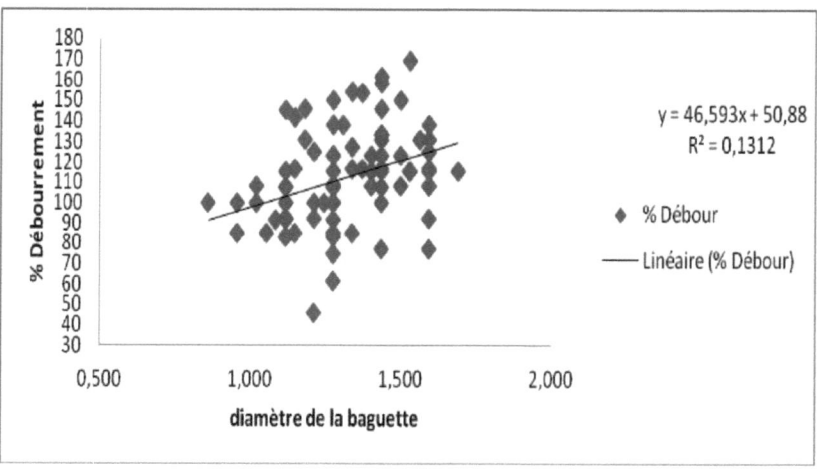

Figure 18 : Relation entre le diamètre de la baguette et le débourrement des bourgeons (cépage Red globe)

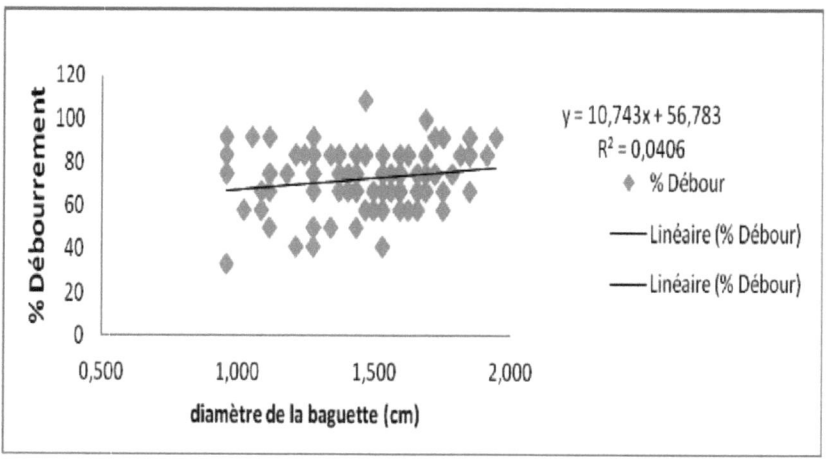

Figure 19 : Relation entre le diamètre de la baguette et le débourrement des bourgeons (cépage Italia).

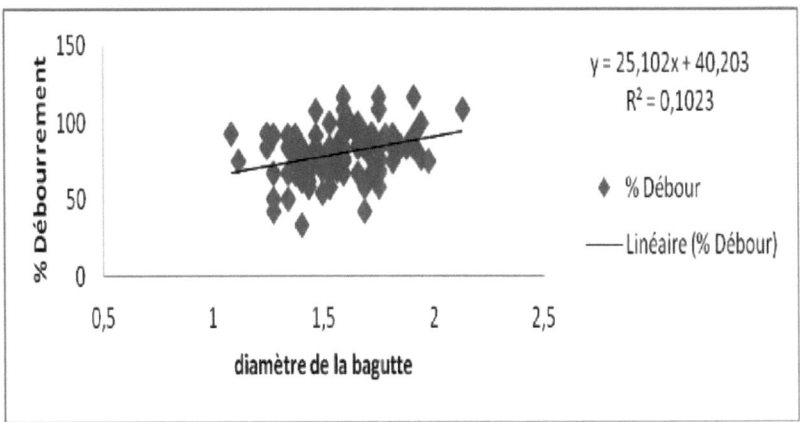

Figure 20 : Relation entre le diamètre de la baguette et le débourrement des bourgeons (cépage Michelle).

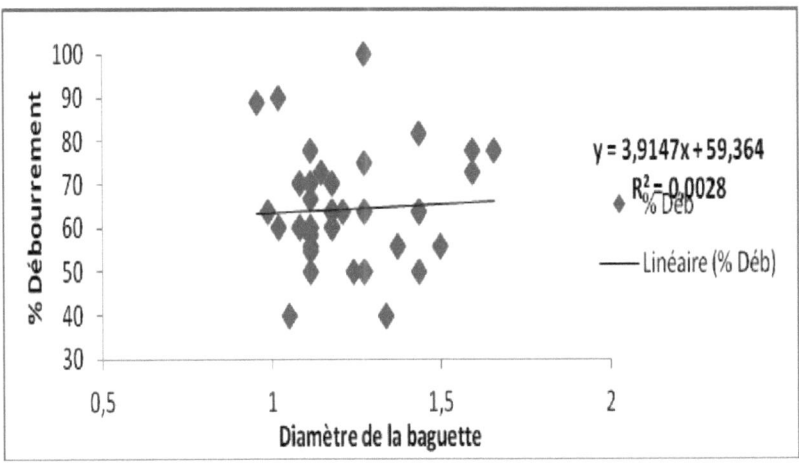

Figure 21 : Relation entre le diamètre de la baguette et le débourrement des bourgeons (cépage Victoria).

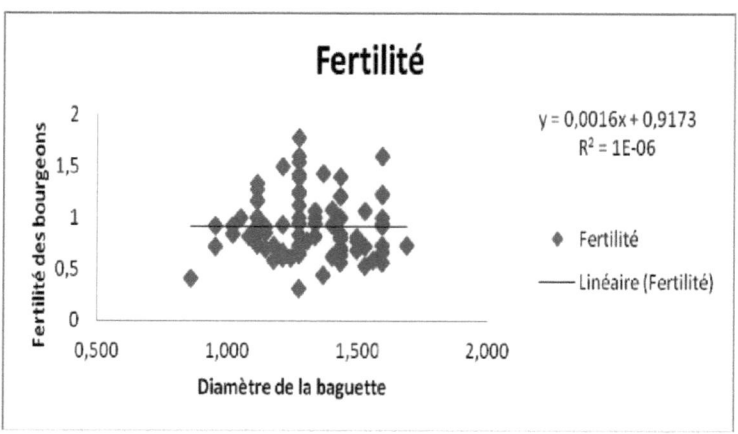

Figure 22 : Relation entre le diamètre de la baguette et la fertilité des bourgeons (Red Globe)

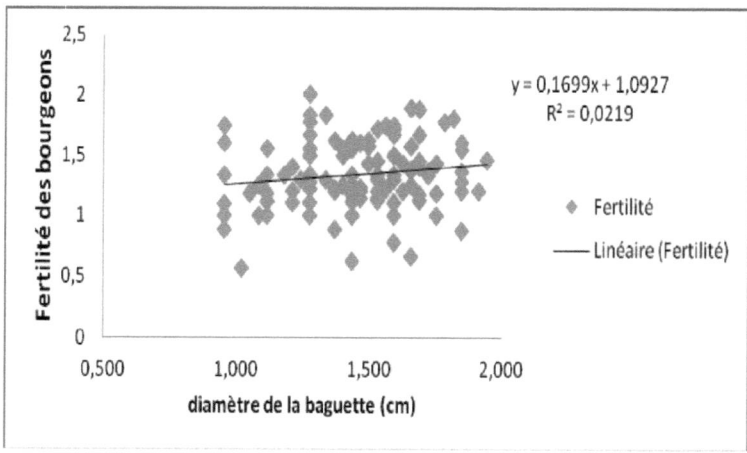

Figure 23 : Relation entre le diamètre de la baguette et la fertilité des bourgeons (Italia)

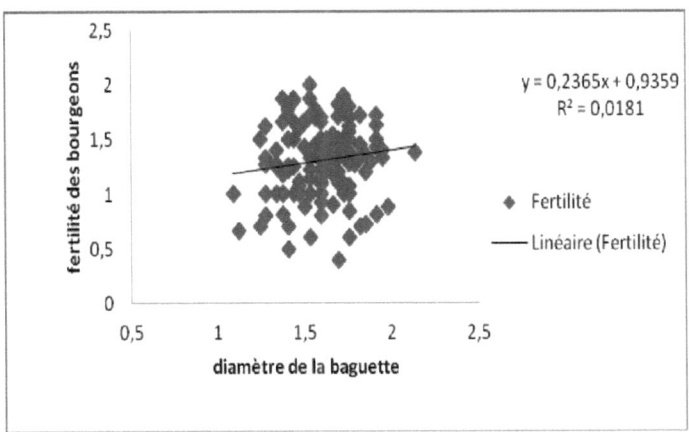

Figure 24 : Relation entre le diamètre de la baguette et la fertilité des bourgeons (Michelle Palieri)

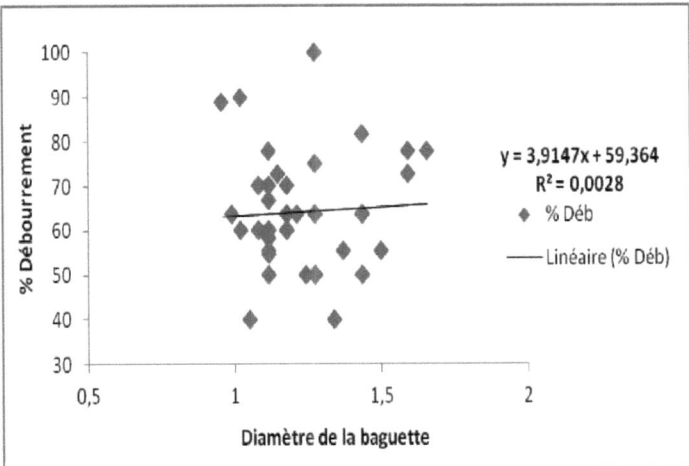

Figure 25 : Relation entre le diamètre de la baguette et la fertilité des bourgeons (Victoria)

4. Analyse de la variance

4.1. Variance relative au débourrement des bourgeons

Tableau 9 : Variance relative au débourrement des bourgeons (seuil 5%)

Source de variation	ddl	SC	Cm	F	Niveau P
Effet variété	3	58332	19444	65,843	<0,01***
Erreur	156	46068	295		

Nous pouvons déduire de ces résultats que l'effet variétal est hautement significatif sur le taux de débourrement des bourgeons latents.

4.2. Variance relative à la fertilité des bourgeons

Tableau 10 : Variance relative à la fertilité des bourgeons (seuil 5%)

Source de variation	ddl	SC	Cm	F	Niveau P
Effet variété	3	32,0648	10,6883	99,032	<0,01***
Erreur	156	16,8366	0,1079		

Ce tableau montre qu'il existe un effet très hautement significatif de la variété sur la fertilité des bourgeons. De ce fait on peut dire qu'il ya des variétés fertiles et d'autres moins fertile génétiquement sans intervention des facteurs du milieu.

4.3. Variance relative à la vigueur des baguettes

Tableau 11 : Variance relative aux diamètres des baguettes (seuil 5%)

Source de variation	ddl	SC	Cm	F	Niveau P
Effet variété	3	3,0723	1,0241	26,630	<0,01***
Erreur	156	5,9991	0,0385		

Ce tableau montre que la variété un effet hautement significatif sur la vigeur du cep. Par conséquent on note qu'il a ya des cépages vigoureux et d'autres moins vigoureux.

Conclusion

Conclusion

Notre étude a porté sur le suivi de la fluctuation du débourrement et de la fertilité des bourgeons latents selon leur rang d'insertion sur la baguette de la vigne. Quatre cépages de table, conduits dans les mêmes conditions, ont fait l'objet de cette étude.

Les vignes sont cultivées dans une ferme située à Mornag. Elles sont conduites en pergola, alimentées par un réseau de fertigation localisé et protégées par des filets anti grêles. Les ceps ont subit le même type de taille en laissant quatre baguettes d'environ 12 bourgeons chacune et ce, pour les quatre cépages étudiés.

L'étude de la fluctuation de débourrement et de la fertilité des bourgeons en fonction du rang des bourgeons a permis de classer les yeux sur la baguette en trois zones distinctes pour les cépages étudiées.

Une zone basale qui se caractérise par le plus faible pourcentage de débourrement et la plus faible fertilité où les bourgeons sont en position inclinée par rapport à la verticale. De plus, ces bourgeons sont situés dans la partie où les nœuds sont tassés et les bourgeons sont enfoncés dans l'écorce de la baguette. Le cépage Victoria manifeste le pourcentage le plus faible dans cette zone, tandis que celui le plus élevé est observé chez Red Globe. Concernant la fertilité, le classement des cépages et complètement renversé. En effet, la fertilité des quatre premiers bourgeons de la base ne dépassent jamais 0.3 pour Red Globe par contre, elle dépasse largement 1 pour Victoria.

Une zone médiane qui se caractérise par un pourcentage de débourrement et une fertilité nettement plus importants que ceux de la zone basale où les bourgeons subissent le phénomène d'arcure sous l'effet du pliage de la baguette sur le fil de fer. Pour la plupart des cépages, c'est à partir du 4ème bourgeon que le pourcentage de débourrement subit une nette amélioration. Concernant la fertilité, les quatre bourgeons du milieu de la baguette produisent environ 30% de toutes les grappes formées.

Une zone terminale qui se caractérise par le pourcentage de débourrement et la fertilité les plus élevés où les bourgeons sont sous l'effet, d'une part, de la torsade de la baguette sur le fil de fer de palissage (multiple arcures) et, d'autre part, du phénomène d'acrotonie. Ceci est valable pour tous les cépages étudiés.

En définitif nous avons pu classer les cépages selon le pourcentage de débourrement comme suit : Red globe (111.5%) > Michelle Palieri (80%) > Victoria (73%) > Italia (72%). Tandis que, le classement des cépages selon la fertilité des bourgeons est de la manière suivante :

Victoria (1.9)> Michelle Palierri (1.31)> Italia (1.3)> Red globe (0.89).

Pour notre étude, il semble que la vigueur de la baguette, estimée par le diamètre à la base, ne manifeste aucune corrélation avec ni le débourrement ni la fertilité des bourgeons. Ceci peut être expliqué par le faite que les ceps et les baguettes choisis pour notre étude sont presque homogènes.

Toutes ces données, relatives à la fluctuation du débourrement et de la fertilité en fonction du rang du bourgeon, sont d'un grand intérêt pour les viticulteurs afin de les aider dans la prise de décision au moment de la taille. Chaque cépage manifeste un comportement différent et il serait raisonnable d'orienter la végétation et la production selon ses exigences par l'intermédiaire non seulement de la taille sèche mais aussi par le biais de la taille en vert.

Ce travail mérite d'être poursuivi sur d'autres années car nous estimons que les deux paramètres étudiés à savoir le pourcentage de débourrement et la fertilité des bourgeons selon leur rang sur la baguette, sont tributaires des conditions climatiques de l'année et plus précisément des températures.

Références bibliographiques

- **Allani B., 1983.** Etude des effets de trois facteurs de production (taille, irrigation et fertilisation azotée) sur la fertilité des bourgeons et les caractéristiques de la production de deux cépages de cuve (Carignan et Cinsault) ; Thèse de 3ème cycle, I.N.A.T.

- **Alsaidi I.H et Dawood Z.A., 1990.** Effect of cane length and cane thickniss of the productivity of grappes c.v. Deiss anz (Vitis vinifera.L.), Pakistan journal of agriculture, Agricultural engineering Vaterinary Sciences, Ref.saut: aaevs/ 250.

- **Askri., Bessis R., 1980.** Principes du contrôle de la fertilité d'un cépage introduit dans des conditions pédoclimatiques nouvelles. 6.7. P.

- **Ben Amor T 1970.** Recherche sur la dormance des bourgeons de la vigne en Tunisie.

- **Bernard., 1985.** La détection cytologique et les sites de dépôts de l'amidon dans les feuilles et les rameaux de la vigne (Vitis Vinifera.L), le prog. Agri. Vitic. 102, Année N°9 (1er Mai 1985).

- **Bessis R., 1965.** Recherche sur la fertilité et les corrélations de croissance entre bourgeons chez la vigne. Vitis Vnifera .L. Thèse, Dijon, 236 pages.

- **Bessis R., Bugnon F., 1968.** Biologie de la vigne, Masson et Cie, Paris. 155p.

- **Bouard J., 1966.** Recherche physiologiques sur la vigne et en particulier sur l'aoutement des sarments. Thèse pour obtenir le grade de docteur en sciences Naturelles (Bordeaux).

- **Branas J., 1974.** Viticulture, p (405-471)

- **Carbonneau A., 1980.** Recherche sur les systèmes de conduite de la vigne : essai de maitrise du microclimat et de la plante entière pour produire économiquement du raisin de qualité ; Thèse pour obtenir le diplôme de Docteur-ingénieur en Œnologie Ampélologie, Bordeaux.

- **Carbonneau A., Casteran P et leclair Ph., 1981.** Principes de choix de systèmes de conduite pour des vignobles tempérés et définitions pratiques utilisables en réglementation. Conn. Vig. V 15 N°2 p(97-124).

- **Carbonneau A., 1989.** Classification des systèmes de conduite. Système de conduite de la vigne et mécanisation OIV.2008p.

- **Champagnol F., 1984.** Eléments de physiologie de la vigne et de viticulture générale. Ed. Champagnol, France. 350p.

- **Galet P., 1993.** Précis de viticulture, 6ème éditions. Lavoisier. Paris. 582p.

- **Gallet P., 1998.** Précis d'ampélographie pratiques.9.14.15 p.

- **Gallet P., 2000.** Précis de viticulture, JF impression, Saint Jean de Vedas.

- **Huglin P., 1986.** Biologie et écologie de la vigne, édition Lausanne, p(264-279).

- **Huglin et Balthazard., 1976.** Données relatives à l'influence du rendement sur le taux de sucres des raisins.conn. Vign.V 10, N°2 p (175-191).

- **Huglin P et C.Shneider., 1998.** Biologie et écologie de la vigne, 2éme édition. Lavoisir Tech et Doc. France. 370p.

- **Joly D., 2005.** Génétique moléculaire de la floraison de la vigne [online]. Thèse de Doctorat. Université LOUIS PASTEUR, Strasbourg : 143p.[20/01/2008]. Available from Internet URL : http//eprints-scd-ulp.u-strabg.fr :8080/380/01/Joly 2005 pour PDF3.pdf

- **Lassoued M., 2009.** Caractérisation ampélographique et etude de la fertilité de cinq variétés de vigne de tables (Vitis vinifera) Cultivées et introduites en Tunisie. Projet de fin d'étude pour obtenir le diplôme national d'ingénieur ESAM.

- **Nefzi A., 2008.** Etude de la fertilité d'une gamme de variétés de vignes autochtones de Tunisie. Projet de fin d'étude, INAT.

- **Pouget R., 1963.** Recherche physiologiques sur le repos végétatif de la vigne (Vitis vinifera L.) la dormance des bourgeons et le mécanisme de sa disparition, imprimerie Jouve, Paris : 247 p.

- **Reynier A., 1986.** Manuel de viticulture, 4éme édition, p (221-239)
- **Reynier A., 1991.** Manuel de viticulture. 6ème édition. Lavoisier Tec et Doc. Paris : 414p.
- **Stoev K., 1966.** Relation entre la surface foliaire et le rendement en raisin. Rapport de l'Académie des sciences Agricole en Bulgarie. (180 pages).
- **Yahyaoui T., 1991.** Etude de la fertilité de du Superior Seedless (V.Vinifera L.) en Tunisie. Thèse de 3ème cycle I.N.A.T.
- **Zemni H, 1992.** Incidence de la taille (sèche et en vert) sur l'optimisation de la qualité et de la maitrise des rendements de la vigne à raisin de table (c.v. Italia) conduite en pergola. Mémoires de fin d'études du cycle de spécialisation l'institut national agronomique de Tunisie.118p.
- **Zemni H., 2007.** Caractérisation pomologique et aromatique de différents cépage de table et mixte de *Vitis vinifera* L. Dans les conditions pédoclimatiques et culturale de leur site de production. Thèse de doctorat en science agronomiques à l'institut National Agronomique de Tunisie. 167p.

ANNEXES

Annexes

Tableau : Stades phrénologiques.

Code BBCH	Stade repère	Description	Code Baggiolini
	0 = Débourrement		
00		**BOURGEON D'HIVER** Période d'hiver (dormance). Stade de repos, œil presque entièrement recouvert par deux écailles brunâtres. Les bourgeons sont pointus à arrondis selon les cépages.	
00-01		**LA VIGNE PLEURE** Premier signe visible de la reprise végétative.	
01		**GONFLEMENT DU BOURGEON** Début du gonflement des bourgeons, ils s'allongent à l'intérieur des écailles	
05		**BOURGEON DANS LE COTON** Les écailles s'écartent, la protection cotonneuse (bourre) brunâtre est nettement visible.	
09		**POINTE VERTE** Débourrement, l'extrémité verte de la jeune pousse est nettement visible.	

Annexes

Code BBCH	Stade repère	Description	Code Baggiolini
	**1 = Développement des feuilles**		
10		**SORTIE DES FEUILLES** Apparition des feuilles rudimentaires qui sont rassemblées en rosette, dont la base est encore protégée par la bourre progressivement rejetée hors des écailles.	
11		**DÉVELOPPEMENT DES FEUILLES** Première feuille étalée et écartée de la pousse.	

Code BBCH	Stade repère	Description	Code Baggiolini
	**1 = Développement des feuilles**		
13		**DÉVELOPPEMENT DES FEUILLES** Trois feuilles étalées	
14		**DÉVELOPPEMENT DES FEUILLES** Quatre feuilles étalées, stade 51 possible.	
	**5 = Apparition des inflorescences**		
51		**GRAPPES VISIBLES** Inflorescences visibles, 4 à 6 feuilles étalées.	

53		GRAPPES SÉPARÉES Les inflorescences s'agrandissent, les boutons floraux sont encore agglomérés.	
55		BOUTONS FLORAUX SÉPARÉS Les boutons floraux de l'inflorescence sont séparés.	

6 = Floraison

61		DÉBUT FLORAISON Les premières fleurs poussent le capuchon (pétales).	
62-63		FLORAISON 20 à 30% des fleurs sont ouvertes.	
65		PLEINE FLEUR 50% des fleurs sont ouvertes (capuchons tombés). L'ovaire reste nu, tandis que les cinq étamines s'étalent en rayon autour de lui.	
67-69		FIN DE LA FLORAISON la plupart des capuchons sont tombés.	

Code BBCH	Stade repère	Description	Code Baggiolini
		7 = Développement des fruits	
71		NOUAISON Les ovaires commencent à grossir après la fécondation. Les étamines flétrissent, mais restent souvent fixées à leur point d'attache.	
73		DÉVELOPPEMENT DES BAIES Les baies ont atteint la grosseur de plombs de chasse, les grappes commencent à s'incliner vers le bas.	
75		DÉVELOPPEMENT DES BAIES (stade petit pois) Les baies atteignent 50% de leur taille finale, soit la grosseur d'un petit pois. Les grappes basculent en position verticale et prennent la forme typique du cépage.	
77		FERMETURE DE LA GRAPPE Les baies ont atteint environ 70% de leur taille finale et commencent à se toucher. Selon les cépages, la fermeture est plus ou moins lente et dans certains cas incomplète	
		8 = Maturation des baies	
81		VÉRAISON Les baies commencent à «traluire» et/ou changent de couleur selon le cépage. La grappe devient plus compacte, c'est la première étape de la maturation.	

83-85		VÉRAISON Poursuite de la véraison. Les baies deviennent translucides (cépages blancs) et continuent à se colorer. Elles deviennent molles au toucher.	
89		RECOLE Pleine maturité. Les baies sont mûres. Leur développement est maximal. L'augmentation des sucres et la diminution de l'acidité se stabilisent	

9 = Sénescence

91		MATURITÉ DES BOIS Les sarments principaux prennent un aspect brunâtre ils se lignifient. Ce phénomène s'amorce dès la véraison et s'achève après la récolte	
97		CHUTE DES FEUILLES Les feuilles se colorent et chutent progressivement. Début du repos végétatif.	

Figure : différents stades visibles sur une baguette du cépage Red globe

Figure : Parcelle du Cépage Italia au stade grappe visible

Figure : Fin floraison (Red glob)

Figure : La nouaison chez le cépage Victoria.

Table des matières

Introduction générale 1

Introduction 2

1ère Partie : Etude bibliographique 4

1. Systématique 5

2. La viticulture dans le monde 5

3. La viticulture en Tunisie 6

4. Morphologie de la vigne 6
    4.1. Le système racinaire 6
    4.2. Le tronc et les bras 6
    4.3. Le rameau 7
    4.4. La feuille 7
    4.5. Les bourgeons 8
    4.6. L'inflorescence et les vrilles 8
    4.7. Grappes et baies 9
    4.8. Les pépins 9

5. Cycle de développement de la vigne 10
    5.1. Le cycle végétatif 10
        5.1.1. Les pleurs 10
        5.1.2. Le débourrement 10
        5.1.3. La croissance 11
        5.1.4. L'arrêt de la croissance 12
    5.2. Le cycle reproducteur 13
        5.2.1. L'initiation florale 14
        5.2.2. La floraison, la pollinisation et la fécondation 14
        5.2.3. La nouaison 15
        5.2.4. Développement des baies 15

6. La notion de vigueur chez la vigne et sa relation avec le rendement **15**
    6.1. Estimation de la vigueur de la vigne 16
    6.2. Influence du mode de conduite sur la maitrise de la vigueur et l'optimisation des rendements de la vigne 16
    6.3. Notion de charge optimale et son influence sur le rendement et la vigueur 17
    6.4. Les opérations en vert et leur influence sur le rendement et la vigueur 18
        6.4.1. Eborgnage 18
        6.4.2. Epamprage, ébourgeonnage 18
        6.4.3. Rébiolage et évrillage 19
        6.4.4. Palissage des sarments 19
        6.4.5. Rognage 19
        6.4.6. Eclaircissage des grappes 20
        6.4.7. Effeuillage 21

7. Autres techniques culturales influant la vigueur et le rendement de la vigne **22**
    7.1. Les régulateurs de croissance 22
    7.2. L'incision annulaire 22

8. La notion de fertilité **23**
    8.1. La fertilité potentielle apparente 24
    8.2. La fertilité potentielle réelle 24
    8.3. Fluctuation de la fertilité des bourgeons latents 24
        8.3.1. Influence du porte greffe sur la fertilité des bourgeons 24
        8.3.2. Influence de type de rameaux sur la fertilité des bourgeons 25
        8.3.3. Influence de la nutrition minérale 25
        8.3.4. Influence du stress hydrique 26

2EME PARTIE : MATERIELS ET METHODES **27**

1. Identification de la ferme **28**
    1.1. Identification du vignoble 28
    1.2. Les conditions pédologiques 30
    1.3. Les Analyses des eaux 31
    1.4. Les conditions climatiques du vignoble 32
        1.4.1. La pluviométrie 33

  1.4.2. La température 33
  1.4.3. L'évapotranspiration 33
  1.4.4. Le vent 34
  1.4.5. Les autres aléas climatiques 34
  1.4.6. Le mode de conduite du vignoble 34

2. Etude comparative des paramètres de débourrement et de la fertilité de la vigne 36

3. Matériel végétal 39
 3.1. Caractéristiques des cépages 39
  3.1.1. Red globe : 39
  3.1.2. Muscat d'Italie : 40
  3.1.3. Michelle Palieri : 41
  3.1.4. Victoria : 41

3ème partie : Résultats et discussion 44

1. Fluctuation du débourrement des bourgeons selon leur rang sur la baguette 45
 1.1. Etude de la variation du débourrement en fonction des cépages 45
  1.1.1. Cas du cépage Red globe 45
  1.1.2. Cas du cépage Italia 46
  1.1.3. Cas du cépage Michelle Palieri 47
  1.1.4. Cas du Cépage Victoria 48
 1.2. Analyse statistique des données relatives au débourrement 49
 1.3. Conclusion sur la réponse des quatre cépages introduits au débourrement 50
  1.3.1. La zone basale 50
  1.3.2. La zone médiane 51
  1.3.3. La zone terminale (apicale) 51

2. Variation de la fertilité des bourgeons selon leur rang sur la baguette 52
 2.1. Etude de la variation de la fertilité en fonction des cépages 52
  2.1.1. Cas du cépage Red globe 52
  2.1.2. Cas du cépage Italia 54
  2.1.3. Cas du cépage Michelle Palieri 55
  2.1.4. Cas du cépage victoria 56
 2.2. Analyse statistique des données relatives à la fertilité des bourgeons 57

    2.3. Conclusion sur l'évolution de la fertilité en fonction du rang du bourgeon 58

3. Influence de la vigueur sur le débourrement et la fertilité des bourgeons latents 58

4. Analyse de la variance 64
    4.1. Variance relative au débourrement des bourgeons 64
    4.2. Variance relative à la fertilité des bourgeons 64
    4.3. Variance relative à la vigueur des baguettes 65

CONCLUSION 66

References bibliographiques

Annexes

Liste des figures

Figure 1 : morphologie de l'inflorescence de la vigne. 9

Figure 2 : esquisse d'echantillonnage de l'exploitation de mr taha ben mosbeh (echelle 1/5.000). 29

Figure 3 : esquisse d'echantillonnage de l'exploitation (echelle 1/5.00). 29

Figure 4 : cep taille a 4 baguettes (cepage michelle palieri). 35

Figure 5 : heterogeneite du developpement des bourgeons sur une baguette du cepage italia . 36

Figure 6 : stade pleine floraison chez le cepage victoria 37

Figure 7 : stade boutons floraux separes chez le cepage michelle palieri 38

Figure 8 : grappes des cepages etudies. 43

Figure 9 : fluctuation du debourrement en fonction du rang du bourgeon (cepage red globe). 45

Figure 10 : fluctuation du debourrement des bourgeons en fonction de leur rang sur la baguette (cepage italia) 47

Figure 11 : fluctuation du debourrement en fonction du rang du bourgeon (michelle palierri).48

Figure 12 : fluctuation du debourrement en fonction du rang du bourgeon (cepage victoria). . 49

Figure 13 : evolution de la fertilite en fonction du rang du bourgeon (red globe). 54

Figure 14 : evolution de la fertilite en fonction du rang du bourgeon de la variete italia. 55

Figure 15 : evolution de la fertilite en fonction du rang du bourgeon (cepage michelle palieri). 56

Figure 16 : evolution de la fertilite en fonction du rang du bourgeon (cepage victoria). 57

Figure 17 : diametres moyens des baguettes des quatre cepages. 59

Figure 18 : relation entre le diametre de la baguette et le debourrement des bourgeons (cepage red globe) 60

Figure 19 : relation entre le diametre de la baguette et le debourrement des bourgeons (cepage italia). 60

Figure 20 : relation entre le diametre de la baguette et le debourrement des bourgeons (cepage michelle). 61

Figure 21 : relation entre le diametre de la baguette et le debourrement des bourgeons (cepage victoria). 61

Figure 22 : relation entre le diametre de la baguette et la fertilite des bourgeons (red globe) .. 62

Figure 23 : relation entre le diametre de la baguette et la fertilite des bourgeons (italia) 62

Figure 24 : relation entre le diametre de la baguette et la fertilite des bourgeons (michelle palieri)... 63

Figure 25 : relation entre le diametre de la baguette et la fertilite des bourgeons (victoria)..... 63

Liste des tableaux

Tableau 1: resultats des analyses physico-chimiques du sol pour chaque cepage (cedart- mars 2010) 30

Tableau 2 : interpretation des resultats d'analyse physico-chimique du sol. 31

Tableau 3 : recommandation pour la fertilisation proposees par (cedart- mars 2010) 31

Tableau 4 : bilans analytiques des eaux (cedart- mars 2010). 32

Tableau 5 : donnees climatiques de la region de mornag (laboratoire de bioclimatologie de l'inrat, 2011). 34

Tableau 6 : differents stades phrenologiques des cepages durant la periode d'etude. 37

Tableau 7 : les valeurs de t (test-student) 50

Tableau 8 : les valeurs de t (test-student) 57

Tableau 9 : variance relative au debourrement des bourgeons (seuil 5%) 64

Tableau 10 : variance relative a la fertilite des bourgeons (seuil 5%) 64

Tableau 11 : variance relative aux diametres des baguettes (seuil 5%) 65

Oui, je veux morebooks!

I want morebooks!

Buy your books fast and straightforward online - at one of the world's fastest growing online book stores! Environmentally sound due to Print-on-Demand technologies.

Buy your books online at
www.get-morebooks.com

Achetez vos livres en ligne, vite et bien, sur l'une des librairies en ligne les plus performantes au monde!
En protégeant nos ressources et notre environnement grâce à l'impression à la demande.

La librairie en ligne pour acheter plus vite
www.morebooks.fr

VDM Verlagsservicegesellschaft mbH
Heinrich-Böcking-Str. 6-8　　　　　　　　　　　　　　info@vdm-vsg.de
D - 66121 Saarbrücken　　　　Telefax: +49 681 93 81 567-9　　www.vdm-vsg.de

Printed by Books on Demand GmbH, Norderstedt / Germany